想象之外·品质文字
U0304911

北京领读文化传媒有限责任公司 出品

盛文强 著

北京时代华文书局

图书在版编目（CIP）数据

渔具图谱 / 盛文强著. -- 北京 : 北京时代华文书局，2019.1

ISBN 978-7-5699-2886-0

Ⅰ. ①渔… Ⅱ. ①盛… Ⅲ. ①渔具—图谱 Ⅳ. ①S972-64

中国版本图书馆CIP数据核字（2018）第291554号

渔具图谱

YUJU TUPU

著　　者 | 盛文强

出 版 人 | 王训海

选题策划 | 领读文化

责任编辑 | 张彦翔

装帧设计 | 领读文化

责任印制 | 刘　银

出版发行 | 北京时代华文书局 http://www.bjsdsj.com.cn

北京市东城区安定门外大街136号皇城国际大厦A座8楼

邮编：100011　电话：010-64267955　64267677

印　　刷 | 北京金特印刷有限责任公司　电话：010-68661003

（如发现印装质量问题，请与印刷厂联系调换）

开　　本 | 880mm×1230mm　1/32　印　　张 | 8.75　字　　数 | 168千字

版　　次 | 2019年4月第1版　印　　次 | 2019年4月第1次印刷

书　　号 | ISBN 978-7-5699-2886-0

定　　价 | 68.00元

自序

渔业的历史可上溯到原始社会，先民傍水而居，在江、河、湖、海之畔，捕鱼而食。渔网出现之前，先民在海滨及江河的捕鱼方式还处于原始的阶段：所谓一击、二突、三搔、四挟。击，就是击打水族之法，用树枝、石块等将鱼类击伤或击毙，从而获取。突，就是刺杀水族之方法，工具是尖锐的树杈，这是鱼叉的雏形。至于搔和挟，则是捕捉栖息于泥沙中的贝类的动作。这四种动作，以及所采用的树枝石块等物，俨然是渔具的雏形。

后来，先民学会了用植物纤维编织成原始的渔网，从此渔业捕捞跃入了新的纪元。《易·系辞下》曰："古者庖牺氏之王天下也，做结绳而为网罟，亦佃亦渔。"庖牺氏即伏羲，上古时代有许多发明都归到了他的名下，《抱朴子》则认为伏羲观察蜘蛛网受到启发，"师蜘蛛而结网"。网的出现，是一件大事，渔获量极大提高，捕鱼者生产所得除了维系自身生活所必需之外，还出现了大量剩余，以物换物的原始贸易开始出现，人类社会因之有了深广的变革。

从各地古文化遗址中出土的泥网坠、骨质鱼叉、鱼钩等物，可以看到当时渔业的情况，尤其是各式各样的网坠，说明与之相配套的渔网的多样性。网坠有石质、陶质、骨质的，大小形状不一，缝缀在网片的下缘，使渔网在水中充分张开，在拖动渔网时，网坠也会使渔网获得更快的运动速度，从而有了更为可观的渔获量。先民的智慧不止于此，浙江钱山漾遗址甚至还出土了具有“倒梢”的竹编鱼笱，其入口有一丛漏斗式的竹篾，迎着水流的方向安置鱼笱，鱼虾可以顺着竹篾进入，但却不能出，这种精巧的渔具，在新石器时代已经是常用之物了。

从殷墟甲骨文的记载中可以看到，商代已经开始使用不同的工具和方法来捕鱼。渔具的细化出现在西周，种类和名目日渐繁多，在《诗经》中曾出现大量渔具的名目，可看做是西周渔具的集束式爆发。《诗经》中提到的渔具名目有网、钓、罛（gū）、罭（yù）、汕、笱、罶（liǔ）、罩、潜、梁等十余种渔具渔法，这些距今已有两三千年的渔具名称，几乎一直延续到现在。

到了汉代，我们可以看到汉画像中的汉代渔业景观，大致有徒手捕鱼、网捕鱼、叉鱼、钓鱼、罩捕鱼、鱼鹰捕鱼、水獭捕鱼等多种方法。汉代渔业的灿然勃兴，与休养生息的政策有关，也印证了当时水体环境优越，鱼类丰富多样，使渔具有了各类变体。《淮南子》曰："钓者静之，罛者扣舟，罩者抑之，罣（guà）者举之，为之异，得鱼一也。"虽然用的渔具以及原理各不相同，但却殊途同归。

东晋时出现了沪，这是一种定置渔具，主要分布在今上海一带。那时黄浦江尚未形成，苏州河直通东海，沿岸居民在海滩上置竹，以绳相编，根部插进泥滩中，浩荡的竹墙向吴淞江两岸张开两翼，迎接着随潮而至的鱼虾。后来，沪成为上海的简称，在地名中保留下来。

晚唐诗人陆龟蒙《渔具诗十五首》前有小序，俨然是一份分类详尽的唐代渔具史料：

> 天随子渔于海山之颜有年矣。矢鱼之具，莫不穷极其趣。大凡结绳持纲者，总谓之网罟。网罟之流曰罛、曰罾、曰罺。圆而纵舍曰罩，

挟而升降曰罾。缗而竿者总谓之筌。筌之流曰筒、曰车。横川曰梁，承虚曰笱。编而沉之曰箄，矛而卓之曰猎。棘而中之曰叉，镞而纶之曰射，扣而駭之曰根，置而守之曰神，列竹于海澨曰沪，吴之沪渎是也。错薪于水中曰槮。所载之舟曰艀艋，所贮之器曰笭箵。其它或术以招之，或药而尽之。皆出于诗、书、杂传及今之闻见，可考而验之，不诬也。今择其任咏者，作十五题以讽。噫，矢鱼之具也如此，予既歌之矣。矢民之具也如彼，谁其嗣之？鹿门子有高洒之才，必为我同作。

在这篇序里，许多渔具的名称还是沿用了《诗经》的传统，可见渔具的历史渊源。在唐代的江南水乡，渔具的种类已如此繁多，在熟练使用渔具的同时，陆龟蒙发现这些渔具"穷极其趣"，而且在历代典籍中皆有记载，可以古今印证。

宋代时浙江出现大莆网，用两只单锚把锥形网固定在浅海中，网口对着急流，利用潮水，冲鱼入网，这成为东海捕捞大黄鱼的重要渔具。宋代还出现了刺网，这是一种长带状的网，敷设在鱼群活跃的水域，刺挂或缠绕鱼类，从而获鱼，周密的《齐东野语》称之为帘："帘为疏目，广袤数十寻，两舟引张之，缒以铁，下垂水底。"这种渔网至今仍在使用。南宋时还有滚钩之法，已经接近于现代的延绳钓，这是用一根主线结缚若干支线，支线上有锋利的鱼钩，鱼群通过时，就会被密集的鱼钩挂住。《岳阳风土记》提到了这种渔具："江上渔人取巨鱼，以两舟夹江，以一人持纶，钩共一纶，系其两端，度江所宜用，余皆轴之，中至十钩，有大如秤钩，皆相连，每钩相去一二尺，钩尽处各置黑铅一斤。"，这类渔具的使用，使渔获量大为提高，有别于前代，渔具至此又有了一次飞跃。

在工具之外，古人也开始驯养善于捕鱼的动物，利用动物的捕鱼习性，有着事半功倍的奇效。唐人段成式在《酉阳杂俎》中写到了均州郧乡县的百姓驯养水獭："闭于深沟斗门内，令饥，然后放之，无网罟之劳，而获利甚厚，令人抵掌呼之，群獭皆至，缘襟籍膝，驯若守狗。"可见唐代驯养水獭的技术已经相当成熟，水獭与人的亲昵也令人称奇。

沈括《梦溪笔谈》中记四川人养鸬鹚捕鱼："蜀人临水居

者皆养鸬鹚，绳系其颈，使之捕鱼，得鱼则倒提出之，至今如此，予在蜀中见人家养鸬鹚使捕鱼，信然。”鸬鹚经人驯养后，养在家中，俨然家禽一般，四川人又称鸬鹚为“乌鬼”，有“家家养乌鬼”之说。

到明代，渔具的样式日渐繁多，明代的《渔书》中专列了一章渔具，其中列举的渔网名目有千秋网、枦网、桁网、牵风网、散劫网、泊网等，杂具有钓、罩、笱、镭等，可见明代渔具的种类之多。

及至清末，状元张謇有心兴办实业，奏请设立渔业公司，并购买渔轮“福海号”，进行拖网捕捞，这标志着中国渔业的近代化。沈同芳参与其事，作《中国渔业历史》，在总结清代渔具时，渔网和船舶都有了具体尺寸，体现了一种专业上的自觉。值得注意的是，该书也提到新式的渔轮“网大船快，电灯佐之，断非粗笨浅隘旧有之捕鱼船所可较量”，蒸汽动力的渔轮福海号的效率颇为可观，“日夜换班，约每日三网，每网八小时，每二十小时多可得鱼七八千斤”。至此，渔具的古典时代已经悄然落幕。

渔具是人们在长期的渔业劳动中建立的工具体系，时至今日，在江河湖海中仍可看到《诗经》里的渔具，足见这种传统的强大。又因国土辽阔，渔具的地区差异也极为明显。今挑选历史图像中所出现的渔具图，汇为一编。这些图像来自古籍插图、文人绘画、民间艺术等各类图像系统，皆为主观描摹，或可窥见历史中的渔具奥秘，体察渔具的审美意蕴，同时也可作为一份人类学及民俗学的图像志。

盛文强

目录

第一部分·渔舟

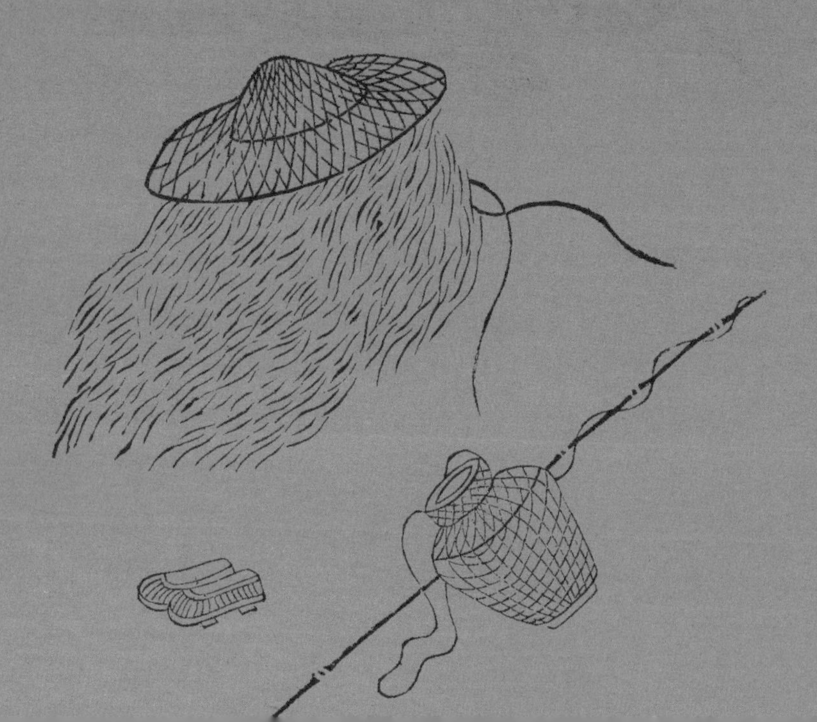

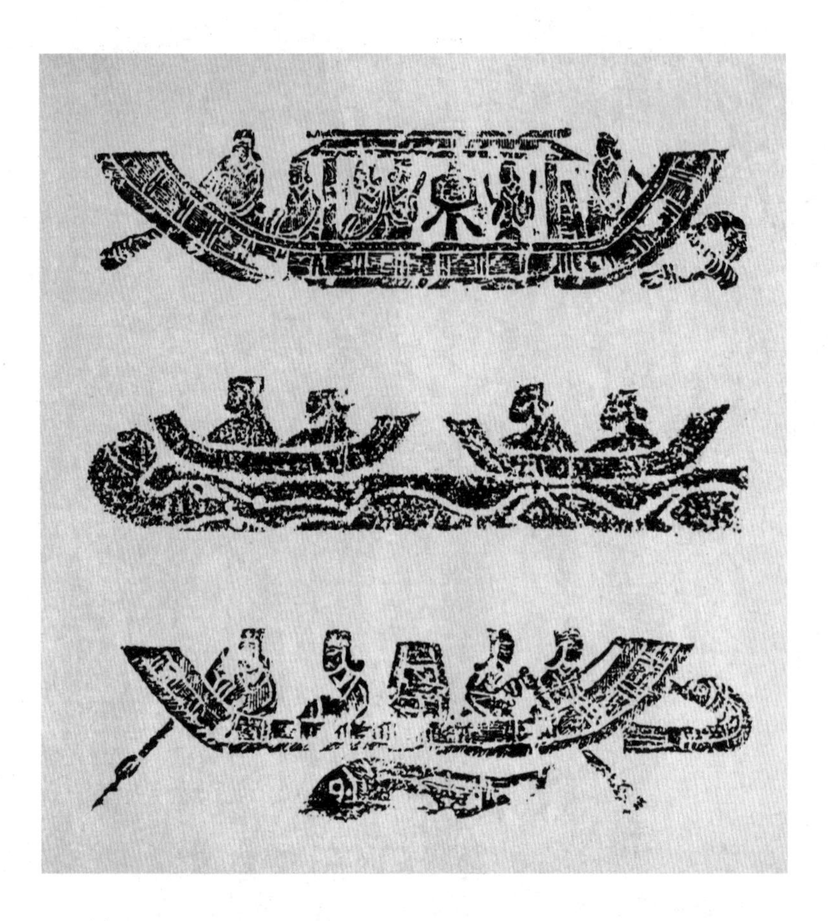

一、渔船

汉 画像石 山东滕州出土

一 < 渔船

汉 画像石 ◎ 山东滕州出土

此三图为汉画像中的渔船，皆出自山东滕州。上图大船的船头、船尾各有一人司橹桨，船舱中有人作乐，当是苑囿池沼中的捕鱼游乐活动。中图是两只小船漂浮在水上，水面波涛起伏，当是急流中，每船各有两人。下图渔船中有四人，船底有一条大鱼出现，船板上还有鱼篓状的器具。这些渔船高度图案化，难以看清细部，依稀可以窥见汉代渔业的一角。

二、石刻渔船图

南朝 刘宋 山东苍山出土

二 < 石刻渔船图

南朝 刘宋 ◎ 山东苍山出土

南朝历经宋、齐、梁、陈，南人因所居之地水网密布，而多习水性，此时产生了朱雀大航、太白船、苍鹰船、飞燕船等名船，民间用船也有了大船。苍山位于山东最南端，在南朝刘宋的版图之内。这件出土于苍山的石刻渔船，有汉画像遗风，船行在河道中，船上四人，两人端坐，船头船尾各一人持橹桨，右侧有一人在水中，手持棍状物，或是抄网之类的小型渔具，左侧有一人在水中用罩罩鱼。

三、双船

北宋 王希孟《千里江山图》(局部)

三 < 双船

北宋 王希孟 ◎《千里江山图》(局部)

在王希孟的《千里江山图》长卷中，水域面积开阔，船只众多，除去漕船、渡船之外，渔船也颇为可观。这里选取的局部，有三条渔船，其中最大的一只值得注意，这是由两条船并在一起组成的大船，用竹排将两船并排固定，形成一个水上捕鱼的平台，谓之双船。船上架设了罾，有两人在拉动杠杆起罾，船头有人用抄网从罾中捞鱼，船尾有一人撑船。从该图可以看到当时的双船制式。

罾（zēng)

四、渔船

南宋 马远《秋江渔隐图》

四 < 渔船

南宋 马远 ◎《秋江渔隐图》

南宋画家马远所作《秋江渔隐图》，绘一渔夫在渔船的船头抱着桨酣睡，在他身后是竹编的拱形船篷，在船篷之上，还插着一根鱼竿。渔舟停泊在芦苇丛中，时有微风吹浪，波纹细密，在秋日的暖阳下，身着白布衣的渔夫进入了梦乡。所谓的渔隐，是国画中的常见题材，舟行水中，随波荡漾，自由东西，符合隐士的内心期许，渔舟便成为遁世的工具。

五、渔船

元 唐棣《烟波渔乐图》(局部)

五 < 渔船

元 唐棣 ◎《烟波渔乐图》（局部）

《烟波渔乐图》中的渔船细节颇为可观，此处选的是局部图，从中可看到元代渔船的大致形貌。船形窄而长，仅容一人通过，两名渔夫在船上，皆戴斗笠，神情专注。其中一人在拖网，另一人在撑竹篙。船舷一侧有两个“Y”形支架，似是取自天然树枝，两个支架间架设一根竹竿，备用的渔网搭在竹竿上。船舱中可见鱼篓、蓑衣等物，在他们背后，是隐隐的远山。

六、钓艇

元 吴镇《芦滩钓艇图》(局部)

六 < 钓艇

元 吴镇 ◎《芦滩钓艇图》（局部）

钓艇是一种小型渔船，吴镇的《芦滩钓艇图》中一艘，船头有一位渔夫正在埋头摇橹，钓竿架在船舷的支架上，上方隐隐有树影，船周围有大片的空白，便是茫茫无际的水，这种留白使钓艇飘荡在烟波浩渺的水域，超然出世。

七、钓艇

明 陆治《寒江钓艇图》

七< 钓艇

明 陆治 ◎《寒江钓艇图》

明代画家陆治的《寒江钓艇图》中所绘也是小型渔船。渔夫半边身子躲在船篷中，身披蓑衣，头戴斗笠，双手缩在袖中，勉强扶住鱼竿。渔船上下的空间都被雪花填满，正是满天飞雪、天寒地冻之时，渔夫的困顿和艰辛可见一斑。

八、渔舟

明 陆治《渔父图》

八 < 渔舟

明 陆治 ◎《渔父图》

《渔父图》中有三条渔船，穿梭在芦苇荡里。这里出现的是窄而长的渔船，又称舴艋舟。船上有竹编的船篷，船尾有橹，船的前端堆满了渔网、鱼罩等渔具。其中一条船上还是一家三口共同操作，渔翁在船头作势欲撒网，渔婆在船尾摇橹，幼子守着鱼篓，一幅渔家船上生活的图景。

九、渔船

明 唐寅《渔乐图》

九 < 渔船

明 唐寅 ◎《渔乐图》

《渔乐图》中出现渔船四条，近处有两条小船在水上捕鱼，每船有两人，船头的渔夫操持渔具进行捕捞，船尾的渔夫用长篙撑船。远处水面停靠着两条大船，可以看到渔家的日常生活图景，船头有三个渔夫饮酒，船中还有女人在哺乳婴孩，船上还有晾晒的衣物。这是一群以船为家的渔夫。

十、渔船

明 仇英《桃花源图》(局部)

十< 渔船

明 仇英 ◎《桃花源图》(局部)

此图见于明代画家仇英的《桃花源图》。东晋陶渊明有《桃花源记》，此图正是依《桃花源记》而作，此处选取的是渔人发现一处洞穴，于是泊船，进洞去查看。正是《桃花源记》中写到的场景："林尽水源，便得一山，山有小口，仿佛若有光。便舍船，从口入。初极狭，才通人。复行数十步，豁然开朗。"值得注意的是，渔夫进洞时拿着桨，桨相当于钥匙，如果没有桨，船就不会被人偷走。这一细节的刻画，恰恰传递了仇英的个体经验，这正是当时的渔船实际情况的反映。

十一、疍船

明 刊本《异域图志》

十一< 疍船

明 刊本 ◎《异域图志》

疍蛮即疍家人，又称疍民，是居住在水上的族群，主要分布在福建和两广一带。顾炎武《天下郡国利病书》:“疍户者以舟楫为家，捕鱼为业，或编篷溺水而居。”疍民主要源于古代的百越，像罗香林、傅衣凌等人就认为，疍民乃是居水的越人遗民，也有人认为疍民是东晋末年孙恩、卢循海上起义的孑遗。疍民的渔船称为疍船，兼有住宅功能，一家人饮食起居及渔业生产都在船上。

疍（dàn）

十二、筏

明 万历刊本《三才图会》

十二 < 筏

明 万历刊本 ◎《三才图会》

筏是船的雏形，先民在独木舟的基础上，寻求更大的浮力，便将木段连缀捆扎起来，形成木筏。《三才图会》载："《拾遗记》曰：轩皇变乘桴以造舟楫，则是未为舟前第乘桴以济矣。筏即桴也，盖其事出自黄帝之前，今竹木之排谓之筏是也。"这里认为筏出现在黄帝之前，黄帝改筏为船。筏又名桴，《论语》："子曰：道不行，乘桴浮于海。"说的即是筏。筏是一种古老的水上工具，时至今日，仍可在江河中看到渔夫驾着筏子的身影。

十三、皮船

明 万历刊本《三才图会》

十三 < 皮船

明 万历刊本 ◎《三才图会》

《三才图会》载："皮船者，以生牛马皮，以竹木缘之，如箱形，火干之，浮于水，一皮船可乘一人，两皮船合缝能乘三人。"皮船竹木扎制框架，外面蒙上牛皮马皮，可供单人乘坐，是一种简易的浮具，可乘皮船至水中收网。黄河上游又有皮筏，用整只羊皮缝制为囊，其中充气，多个皮囊连缀，可用于激流险滩。山东半岛一带渔民曾用橡胶充气筏在近海从事捕捞活动。

十四、渔舟

明 万历刊本《李卓吾先生批评浣纱记》

十四 < 渔舟

明 万历刊本 ◎《李卓吾先生批评浣纱记》

该版画中的渔舟窄而长，仅容一人通行，这种船在水上极为轻便，速度亦快，船中部靠后位置有船篷，可以遮风挡雨。渔夫用长竹篙插入水底的泥沙中，靠反作用力，将渔船撑出了芦苇荡。

十五、荡桨摇橹

清 康熙版《芥子园画传初集》

十五 < 荡桨摇橹

清 康熙版 ◎《芥子园画传初集》

《芥子园画传》是国画入门的教科书，选页是渔夫驾驶船只的几种姿势，分别是荡桨式、摇橹式、持篙式、撑篙式。撑篙和荡桨的动作难画，各种力的角度和方位难以掌控，稍有偏差便离题万里，熟知其原理，才能画得真切。

十六、网梭船

清 雍正活字版《古今图书集成》

十六 < 网梭船

清 雍正活字版 ◎《古今图书集成》

网梭船原为浙江沿海渔民所用之船，“其形如梭，用竹桅布帆，仅可容二人”。该船吃水浅，行动灵活，后被广泛应用于军事，作为哨探之船。如有敌船进入港湾及河道，可出动若干网梭船进行围攻，船上设有鸟铳，可以合力围攻敌船。渔船改造为战船的例子还有很多，由民用转为军用，可见某些渔船的性能之优。

十七、渔船

清 紫檀点翠嵌牙渔家乐插屏

十七 < 渔船

清 ◎ 紫檀点翠嵌牙渔家乐插屏

这是一件清宫的紫檀插屏，屏心画面中田园、房屋、山石、人物星罗棋布，画面中以象牙雕房舍人物，以点翠作山石田园，景物由近及远，层次分明，颇具立体感，生动地表现出南方水乡的秀美景色。河里有七条竹篷渔船，渔夫在船上忙碌，有的正在撒网，有的正在垂钓，水中游鱼肥硕。岸边则是房舍和行人，一派繁忙的景象。

十八、恰喀拉桦皮船

清 乾隆彩绘本《职贡图》

十八 < 恰喀拉桦皮船

清 乾隆彩绘本 ◎《职贡图》

清代生活在珲春一带的恰喀拉人与满人有着共同的祖先，该部族人数少，恰喀拉意为“蜂巢的隔壁”，其风俗是在鼻孔穿铁环作为装饰，男性以鹿皮为帽，女性披发不笄。乾隆年间彩绘本《职贡图》中说恰喀拉人“屋庐舟船俱用桦皮，俗不知网罟，以叉鱼射猎为生”。图中绘恰喀拉男子乘坐桦木舟，舟型甚小，仅容一人而已，又削木为二短桨，有三股鱼叉架在船舷，叉尖有倒刺，防止所刺之鱼滑脱。可以看到，桦木船的一侧还有“Y”字形木架，用来安放鱼叉。而鱼叉的长度也已经超过船身之长，愈显得船小而轻便。

十九、子母舟式

清 彩绘本《苏州市景商业图》

十九 < 子母舟式

清 彩绘本 ◎《苏州市景商业图》

子母舟是一种大船拖小船的组合，小船拖挂在大船之后，可分可合，多用于渡人、垂钓，起到辅助作用。这一性能后来又应用于军事，魏源《圣武记》载：“子母舟，长余三丈，前为巨舻，广实药薪，后舱内虚，小舟藏之，使风齐驱，抵彼火发，后舟则遁。”

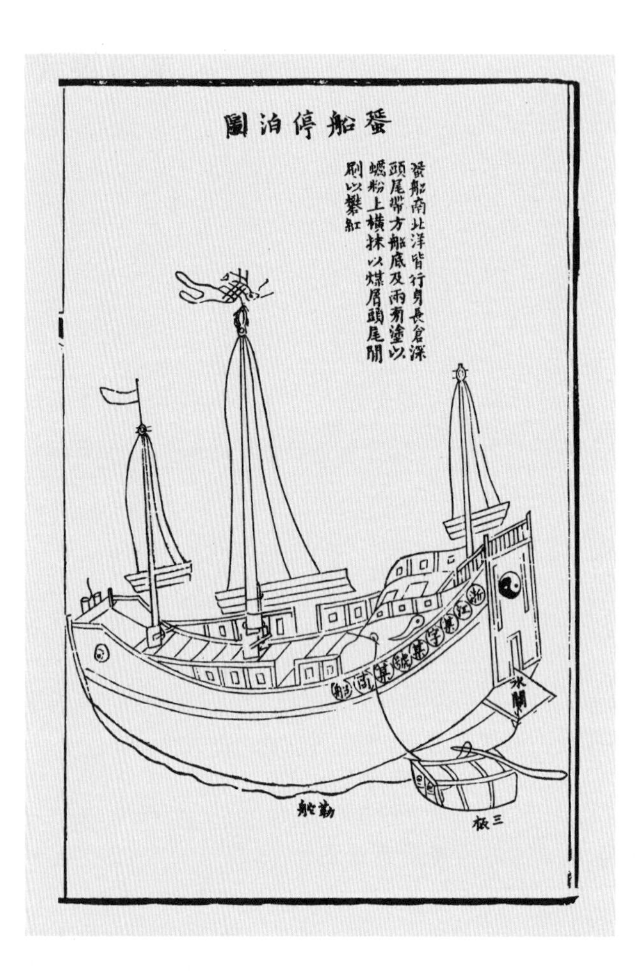

二十、蜑船停泊图

清 道光刊本《江苏海运全案》

二十< 疍船停泊图

清道光刊本 ◎《江苏海运全案》

在这幅《疍船停泊图》中，可以看到疍船的形制，图中有释文曰："疍船南北洋皆行，身长仓深，头尾带方，船底及两旁涂以蛎粉，上横抹以煤屑，头尾间刷以矾红。"由此可见，疍船是一种宽阔的大船，头尾是方形，且带有鲜艳的红色。而从图中可以看到，疍船三桅，方形船头上绘有八卦图案，船舷一侧还系着三板（舢板），可在大船和码头之间灵活来往。这是清代中期的疍船图样，与实际情况较为接近。

二十一、渔船

清 道光年间彩绘本《广州至澳门水途即景》

二十一< 渔船

清 道光彩绘本 ◎《广州至澳门水途即景》

《广州至澳门水途即景》为清道光年间彩绘本，图中所注记的汛地，皆为广东香山协水师辖境，沿途水彩写生景色，不具方位，仅部分地点标注干支与八卦方位。该图册是广州到澳门的水路风光，多处出现渔船停泊之景致，甚至还出现了造船的作坊。渔船多为小船，有船篷，舵和桨依稀可辨，稍大者有单桅及帆。在这些渔船的背后，是沿岸的村落，以及祠堂和高处的宝塔等建筑，在这里，船已是水滨生活空间中不可缺少的一部分。

可乎、聞南海有兄弟二人行舟海面、其弟失足落、被鯊折半體吞之、其兄目擊胆裂誓屠鯊以報執劍躍入水中隱從魚下挺刃刺腹劃腸而出遂得瀝鯊心而弔弟魂焉

捕鯊圖

二十二、捕鲨船

清 同治版《中西闻见录》

二十二< 捕鲨船

清 同治版 ◎《中西闻见录》

《中西闻见录》中提到了南海渔民捕鲨事，“观其船小鱼大，知业此者实为冒险非浅”。鲨鱼凶猛异常，即便被捕捉到船上的鲨鱼，奄奄一息之际，“其铦牙修尾，尚能挞噬人于不及防”。其中也写到捕鲨之惨烈：“南海有兄弟二人行舟海面，其弟失足落，被鲨折半体吞之。”可见南海渔民尤为勇猛，以小型渔船，敢行捕捉鲸鲨之险。《广东新语》中也记载了疍人捕鲸：“海鳟背常负子，疍人辄以长绳系枪飞刺之，俟海鳟子毙，拽出沙潭，取其脂，货至万钱”，海鳟即鲸，可见疍民之勇猛。

二十三、火轮船

清 同治版《中西闻见录》

二十三 < 火轮船

清 同治版 ◎《中西闻见录》

1906年，投身实业的晚清状元张謇主持购买一艘德国渔轮，定名“福海号”，这是我国渔业史上首艘现代渔轮，标志着现代渔业的兴起。及至民国，拖网渔轮在东海投入渔业生产，捕捞效率及渔获量都远非人力可比，这标志着渔船的古典时代结束了。

二十四、海隅苍生图

清 光绪刊本《钦定书经图说》

二十四 < 海隅苍生图

清 光绪刊本 ◎《钦定书经图说》

《书经图说》载 :“虽至海隅,凡苍苍然草木所生,无不临照。”说的是古代圣王的德教遍及普天之下,远到海滨,也感慕其风。古时的海隅是蛮荒之地,因而有此一说。《海隅苍生图》摹写海滨状貌,渔人驾着小船出没在波浪之中,甩网捕鱼。在岸上有村落,老妇拄杖、携稚子倚门而望。风帆时代的海上捕鱼活动风险极高,多有死于风暴者,海滨人家的生活充满艰辛。

輴

泥行乘輴史記作橇張守節云橇形如船而小兩頭微起人曲一腳泥上擿進用拾泥上之物

二十五、輴

清 光绪刊本《钦定书经图说》

二十五 < 輴

清 光绪刊本 ◎《钦定书经图说》

此图见于《钦定书经图说》，归入船类，是泥涂之上行走的工具，用于海岸滩涂、湿地沼泽等特殊地理条件下的渔业活动。此物名为“輴”：“泥行乘輴，《史记》作橇。张守节云：橇形如船而小，两头微起，人曲一脚泥上擿进，用拾泥上之物。”輴可看作是一种特殊的渔船。

輴（chūn）

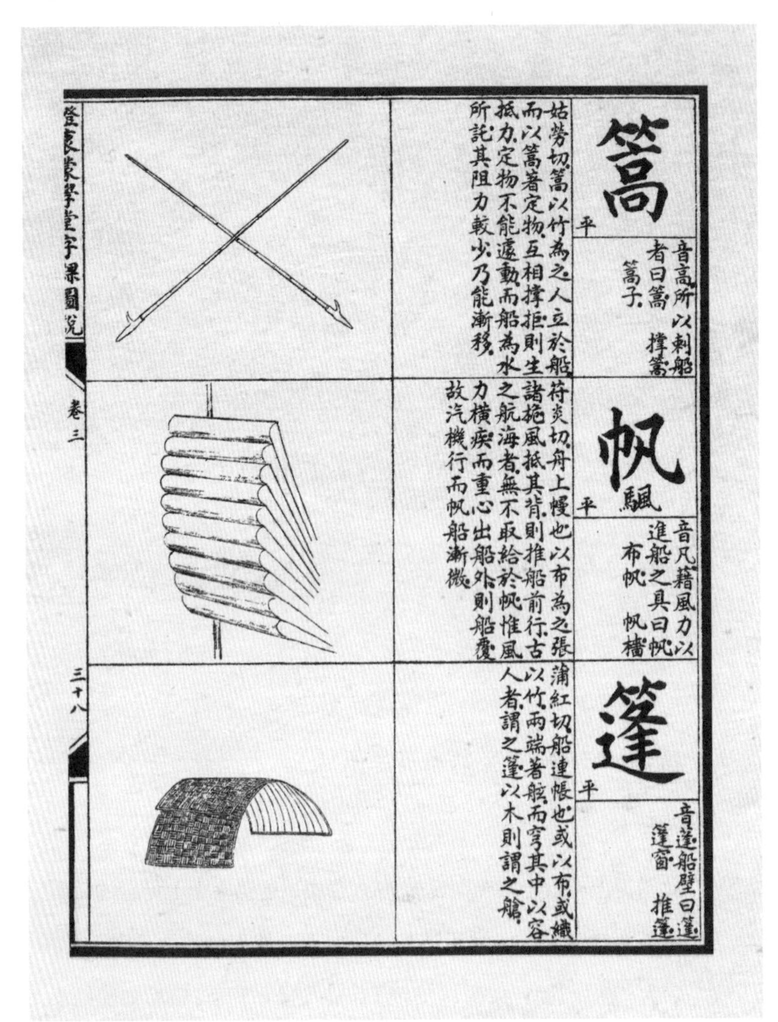

二十六、篙 帆 篷

清 光绪版《澄衷蒙学堂字课图说》

二十六 < 篙、帆、篷

清 光绪版 ◎《澄衷蒙学堂字课图说》

篙、帆、篷是渔船的主要部件，篙的原理是："以竹为之，人立于船而以篙著定物，互相撑拒，则生抵力。"帆的原理是："以布为之，张诸桅，风抵其背，则推船前行。"篷是船上遮风挡雨之所，"或以布，或织以竹，两端著舷，而穹其中以容人者，谓之篷，以木则谓之舱。"

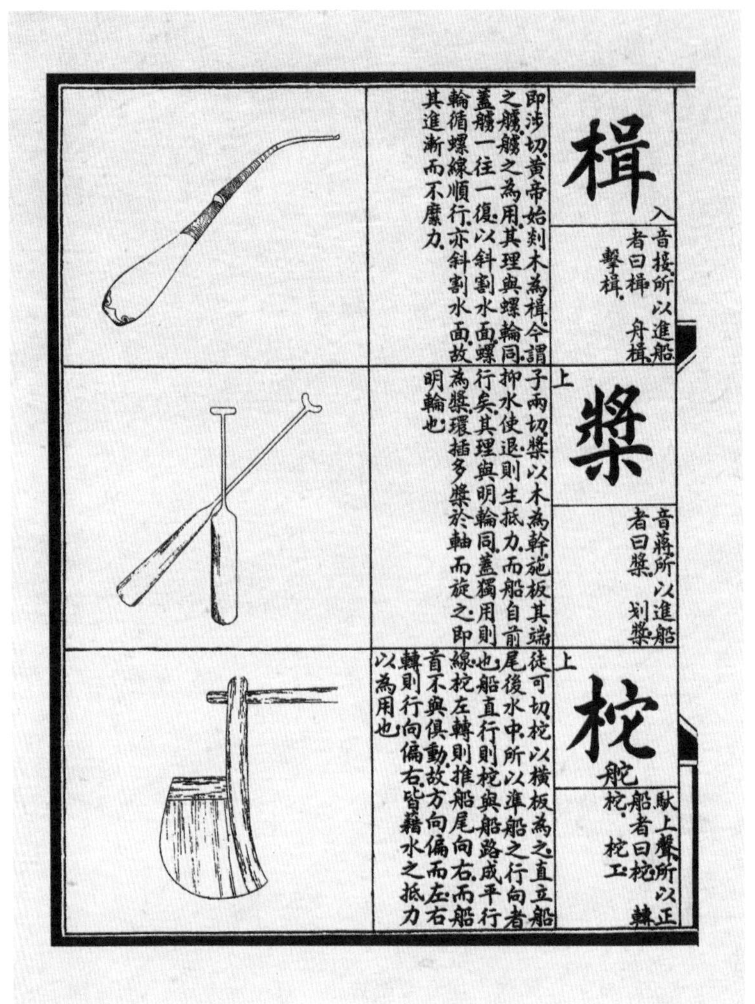

楫

入音接。所以進船者曰楫。舟楫。擊楫。

即涉切。黃帝始刳木為楫。今謂之艣。艣之為用。其理與螺輪同。蓋艣一往一復。以斜割水面。螺輪循螺線順行。亦斜割水面。故其進漸而不靡力。

槳

上音蔣。所以進船者曰槳。划槳。

子兩切。槳以木為幹。施板其端。抑水使退。則生抵力。而船自前行矣。其理與明輪同。蓋獨用則為槳。環插多槳於軸而旋之。即明輪也。

柁

舵

上馱上聲。所以正船者曰柁。轉柁。柁工。

徒可切。柁以橫板為之。直立船尾後水中。所以準船之行向者也。船直行則柁與船路成平行線。柁左轉則推船尾向右。而船首不與俱動。故方向偏而左。右轉則行向偏右。皆藉水之抵力以為用也。

二十七、楫 桨 柁

清 光绪版《澄衷蒙学堂字课图说》

二十七< 楫、桨、柁

清 光绪版 ◎《澄衷蒙学堂字课图说》

楫、桨、柁是渔船的主要部件，楫和桨是推进器，柁即舵，在船尾，能使船转弯。这些部件的发明及使用，是古人智慧的体现。楫的推进原理是“一往一复，以斜割水面”，从而获得前进的力。楫有一只，桨有一对，其原理是“施板其端，抑水使退，则生抵力，而船自前行矣”。柁的原理是“以横板为之，直立船尾后水中，所以准船之行向也”，这三者都是木质的部件。

二十八、渔船

清 杨大章《渔乐图扇页》

二十八< 渔船

清 杨大章 ◎《渔乐图扇页》

该图绘渔民满载而归后卸货、分捡、称重的忙碌劳动场景。渔船靠岸，人们从船上搬运渔货，运到各处，在远处还有三条大船正朝岸边驶来。画中人物众多，造型生动传神，通过人们举止过往、眼神顾盼，形成一个外散内紧的活动群体，富有生活情趣。据自题“臣”及“恭画”而知，此图是作者献给皇室之作，表现出的渔家安居乐业的生活状态，迎合了皇室的审美观念，以及企盼百姓皆幸福安康的理念。

二十九、渔舟异制

清 光绪版《点石斋画报》

二十九 < 渔舟异制

清 光绪版 ◎《点石斋画报》

此图见于《点石斋画报》，描绘的是宁波沿海的一种可在滩涂中行走的小船，名为泥瞒："宁波蛟门为濒海之区，西门外一带曰后海头，渔者咸集于斯，各有泥瞒一只，其状似船而长仅四尺，两头皆锐。"泥瞒用木材加工制作，其形体像小木船，长四尺左右，船体的中部在船舷内设置"架木"，作为人在滑行时扶手操作的部件。使用方法是：渔人一腿半屈，跪在船尾，另一腿则伸向身后的泥滩中，向泥中蹬去，船便可向前滑动，每蹬一下，能出数丈之远，可以在落潮时行于滩涂，摘取网中的鱼虾，并拾得贝类，掷于舱中。这种渔船的称谓五花八门，东海一带称之为"木海马"，或者"泥马"，胶东一带则称为"推子"，上世纪八十年代末期出版的《中国海洋渔具图集》中称之为"泥涂舟"，是今日沿用较广的名称。

三十、大排

1845年法文版 岱摩《开放的中华》，

三十< 大排

1845年法文版 岱摩 ◎《开放的中华》

此图见于西人著作，当是对清末疍民渔排的写照。因西方绘画崇尚写实，故此时期来华的洋人所绘风物图较有史料价值。此处的渔船为大排，是一种大型的筏，在筏上建有遮风挡雨的简易房屋，屋顶上还有盆栽植物，在网上有衣物悬挂晾晒，屋后有一条主桅挑着帆。大排上长幼咸集，左侧有一人在垂钓。

三十一、讨鱼船

清 外销画

三十一< 讨鱼船

清 ◎ 外销画

此图见于清代外销画，外销画起于清代，多借鉴西洋画法，描绘中国各地风貌、市井风情、花鸟昆虫、人物故事等，做成画面艳丽、容易保存的纪念品，是外国人了解中国风土人情的重要媒介。福建一带有“讨海”之说，即向大海求取生存资源，《闽都别记》说福建人“在网山地方，该处无人读书，都是讨海种田”。讨即讨要，体现了人在自然面前的被动。讨鱼船的含义与之相近，此船是捕鱼的小船，有船篷，无帆，多用绰网和拖网，一人摇橹，一人操作网具。

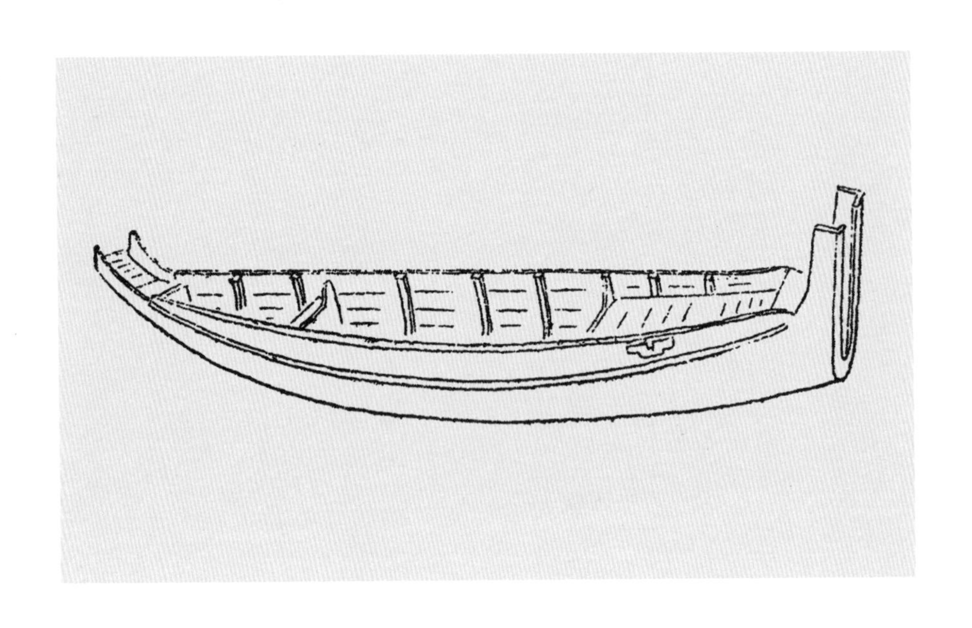

三十二、拖网船

民国二十三年《墨鱼渔业试验报告》

三十二< 拖网船

民国二十三年 ◎《墨鱼渔业试验报告》

此图见于民国年间的《墨鱼渔业试验报告》，绘制的是舟山群岛的墨鱼拖网船形状。“拖网之渔船有大小二种，大者即小对船，小者俗名划船，又名舢舨”，至于操作方法，也有详述：“二人之船，一人司橹，一人拖网。三人之船，一人司橹，一人司桨，一人司网，但起网时，司桨之渔夫停桨襄助引扬浮竹。四人之船，二人司橹，一人司网，一人在船头襄助起网。”

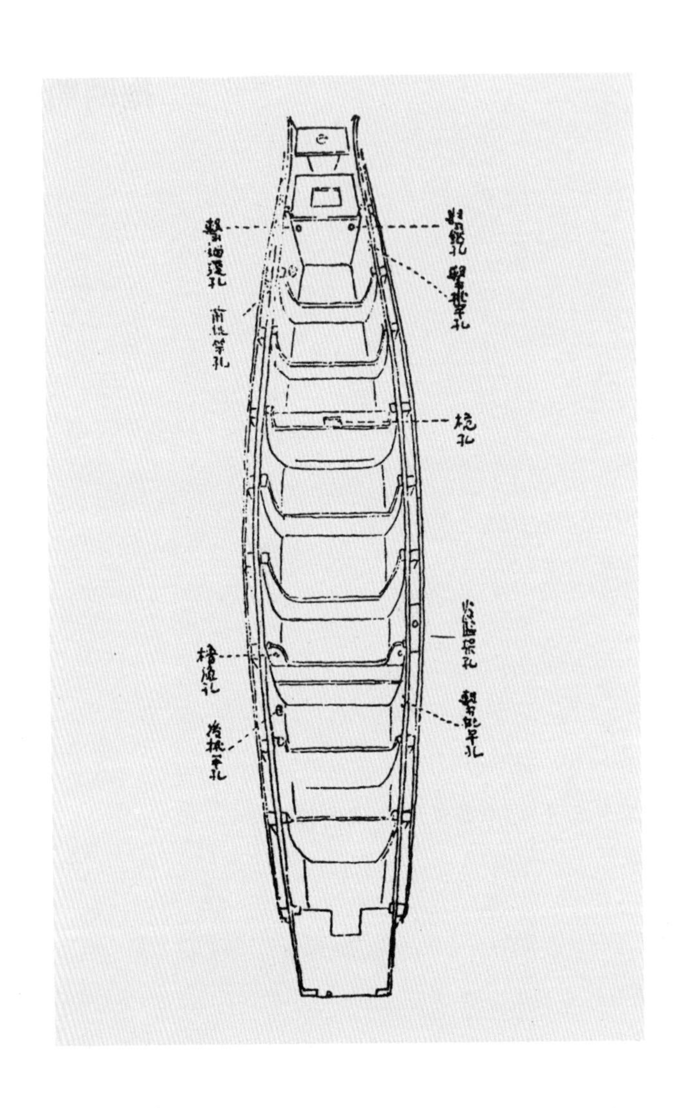

三十三、照船

民国二十三年《墨鱼渔业试验报告》

三十三 < 照船

民国二十三年 ◎《墨鱼渔业试验报告》

所谓的照船，是指“在船上作业，热火照射之谓也”，全船共分七舱，以隔板隔开。这种船是用来捕捉墨鱼的，墨鱼有趋光的习性，在船上用灯火照射，墨鱼纷纷前来，从而被捕。在使用照船时，“靠近山麓或岩礁，海底平坦而潮流缓慢之处，最为适宜，出渔时积载渔具及燃料，于夕刻航至渔场，用碇石四块，将船抛定，于是张竹之末端，及靠近船舷之处，各系滑车一个，斜向上方，伸出于海面而固缚之”，等到夜晚来临时，“生火于火篮，以诱惑集鱼群”。

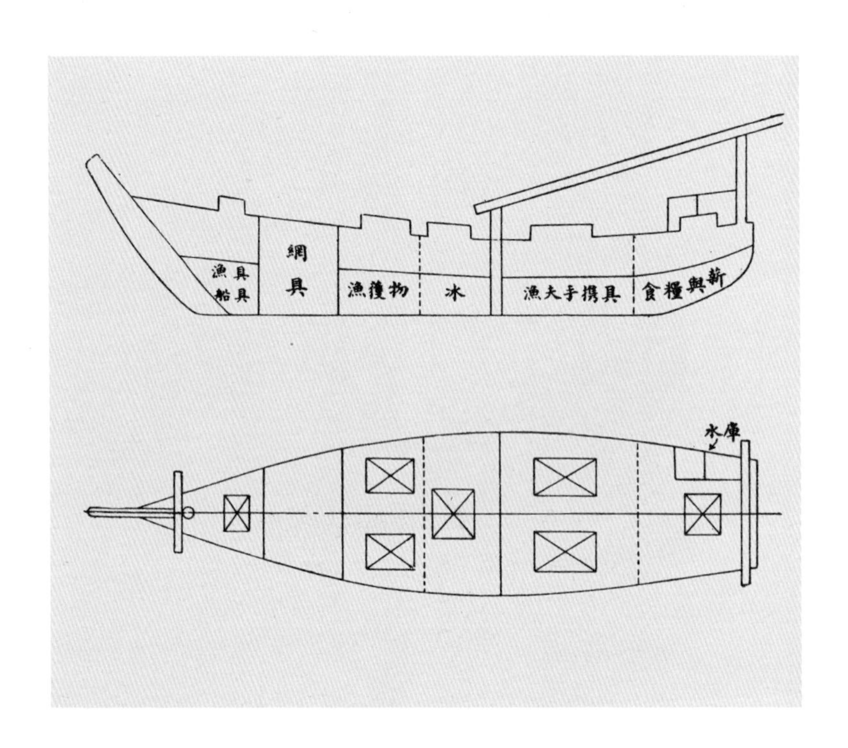

三十四、流网渔船配置图

民国二十六年商务印书馆 李士豪、屈若搴《中国渔业史》

三十四 < 流网渔船配置图

民国二十六年商务印书馆 李士豪、屈若搴 ◎《中国渔业史》

此图见于商务印书馆民国二十六年版的《中国渔业史》，机器动力的渔船此时已有使用，“清季以来，购置渔轮，发动机渔船渐输入我国，渔船之构造，日渐进步，渔船之构造与普通商船，渐异其组织，其最重要之处，为龙船骨部，因渔船之龙骨部为尖锐形，重心在下，可以经耐风浪”。图中所示的渔船有六舱，功用各不相同，船头的舱存放渔具船具，第二舱放网具，第三舱放渔获物，第四舱放冰，第五舱放渔夫手携具，第六舱放食粮与薪，此时的渔船已进入现代渔业的范畴。

第二部分·网罟

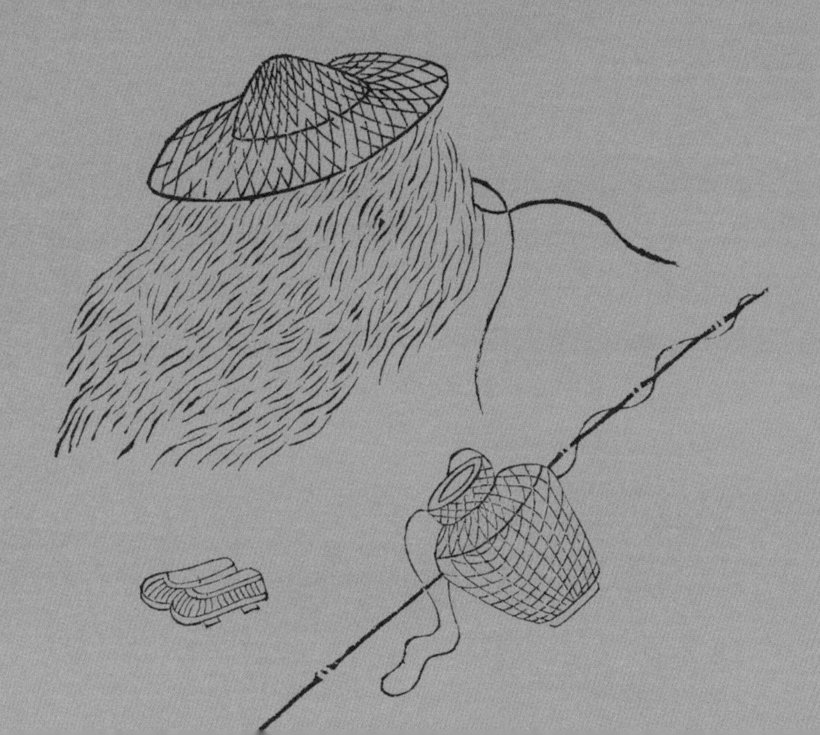

一、半坡网纹陶壶

仰韶文化

半坡网纹陶壶图

仰韶文化

上古时代的渔网没能保存下来，都已腐烂消失，但有些图像可以用来想象当时的渔网。比如仰韶文化遗址出土的网纹陶壶，壶上有斜织的网纹，纲目纵横皆不足十个，似应是在实际的渔网之上做的抽象简化。渔网的两侧还有黑色的三角形纹饰，或可看作是绳结收束之处。据《吕氏春秋》载“其未遇时也，以其徒属掘地财，取水利，编蒲苇，结罘网”，由此推测，网纹两侧的这些三角形纹饰，或许是藤蔓上的叶片——彼时的渔网不排除使用天然藤蔓的可能。

罘（fú）

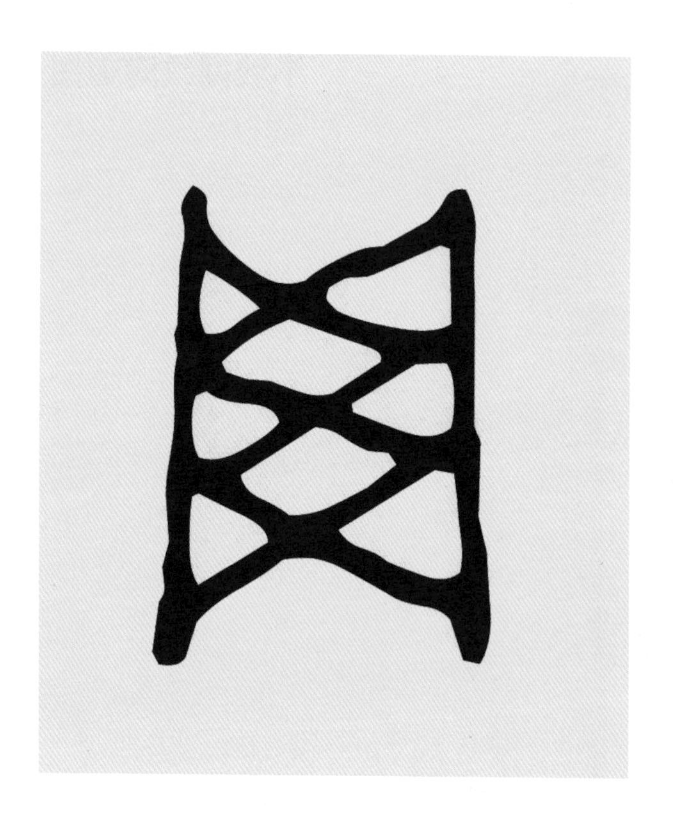

二、网

甲骨文

二< 网

甲骨文

甲骨文中的“网”字是象形文字，也可当做图形来看。左右两条竖边，当是早期渔网的桁木，两根木棍之间有交错的黑线网格，当是植物的藤萝或者植物纤维。这种渔网显然是极为简单的，一般是单人操作，使用时两手各持一根木棍，将网络撑开，木棍的另一端戳到河流中，用来捕捉鱼虾。甲骨文中的“网”字形象地说明了网的起源。

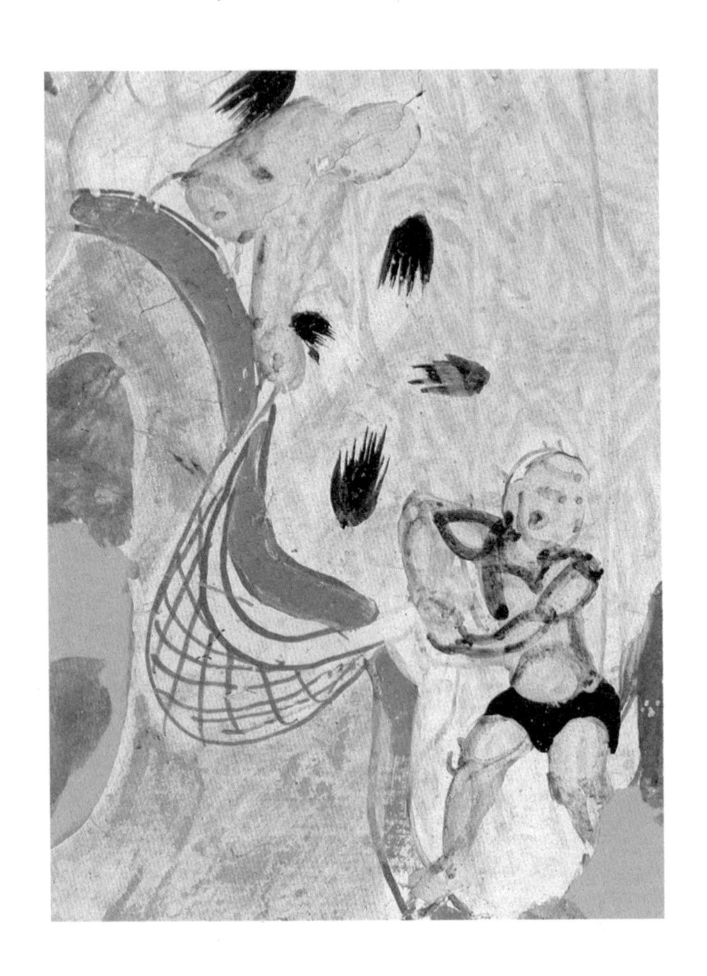

三、撒网图

北周 莫高窟第296窟

三 < 撒网图

北周 ◎ 莫高窟第296窟

敦煌壁画中有许多反映劳动的场面，该图中有两人，各拉着渔网的一条大纲，在河中撒网捕鱼。虽然画风简洁，但仍可看到饱满的网兜，以及交错的网扣，二人合力将网撑开，更使画面中呈现出力与美。此时的渔网大都用麻纤维织成，易破碎，易腐烂，因而有“三天打鱼，两天晒网”之说。

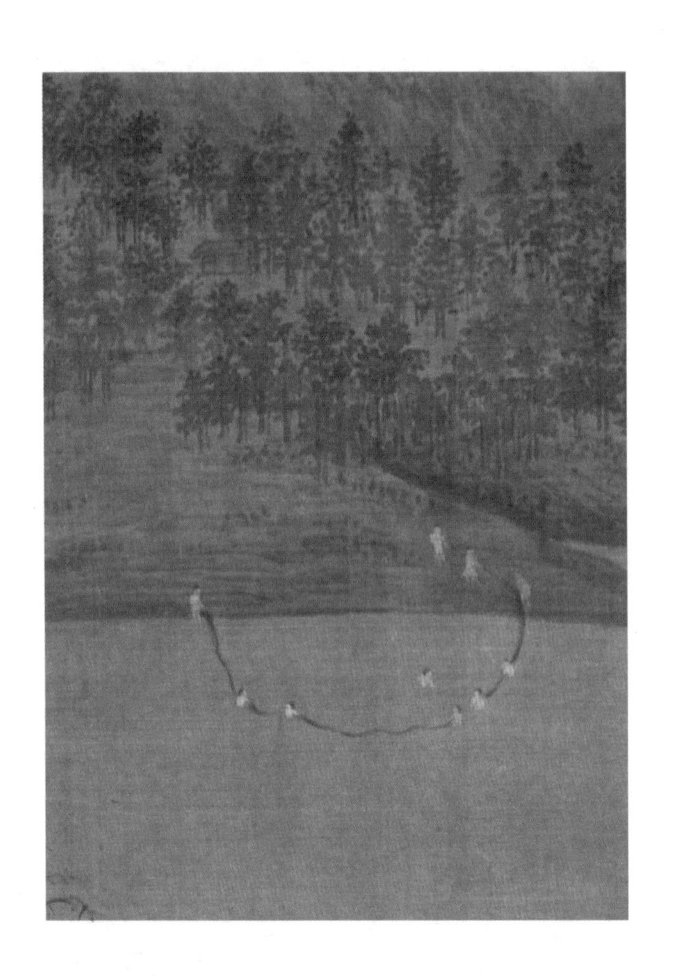

四、拖网

五代 董源《潇湘图》(局部)

四< 拖网

五代 董源 ◎《潇湘图》(局部)

此图见于五代时期董源的《潇湘图》，画的是湘江一带的山水胜景。湘江上多有渔船出没，江岸上有拉网捕鱼的场面，人物虽小却动作分明。在使用拖网的渔民有十人，多数人还在浅水中，上岸的人也是从水中走出，他们在水中围住鱼群，合力朝岸上靠拢，待到收网时，就会全部投入到拖拽的劳作中。可见，这已是当时江河中常用的网具。

五、推网

五代 梁楷《渔人归家图》(局部)

五 < 推网

五代 梁楷 ◎《渔人归家图》(局部)

梁楷的《渔人归家图》是渔人捕鱼归来的场景，渔人戴着斗笠，披着蓑衣，走在水滨，在他肩上扛着一种渔具，是为推网。这是由两条平行的竹竿所支撑的网具，单人即可操作，双手持竿撑开网片，在水中向前推动，从而获鱼。不用时将两竿合并，网片缠绕在竹竿上。

六、扠网

南宋 夏圭《捕鱼图》

六 < 扠网

南宋 夏圭 ◎《捕鱼图》

扠网（也作叉网）由两条交叉的长竿来支撑，两竿的交叉点有绳索捆绑，双手各持一竿，可以像剪刀一样开合，在竹竿的下端有网兜，开合之际，网兜也随之开合。图中的渔夫站在船上，正分开扠网的两条竿，下半截的网兜沉在水中，借助行船的冲力，扠网获得前进的力，当鱼入网时，合并双竿，网兜的大门就会绞合，从而获鱼。

七、撮网

元 唐棣《霜浦归渔图》(局部)

七 < 撮网

元 唐棣 ◎《霜浦归渔图》(局部)

《霜浦归渔图》描绘的是捕鱼归来的场景，渔夫肩扛着渔具，边走边互相说笑。这里出现的渔具比较特殊，是一种竹编的抄网，沈从文先生曾在《中国古代服饰研究》中考证此类网具名为撮网："细竹篾编成，专用于溪河浅水中，渔人一面走动一面举网贴水底爬撮小鱼虾或田螺，所得商品价值不高，但积少成多，容易满足家庭食用需要。因此南方依山傍水人家，几乎每家必有这种轻便结实的渔具，挂于墙壁一角，随时可以使用。"

八、扠网

明 仇英《桃花源图》(局部)

八 < 扳网

明 仇英 ◎《桃花源图》(局部)

在古松和青山的掩映中，河水流过，渔夫在船上用扳网捕鱼，两根交叉的竹竿，剪刀式的结构，暗中连接网兜，鱼入网时，手中的竹竿就会传来振动，有经验的渔夫可以根据振动的频率来判断网中鱼的大致数量，然后绞合竹竿，网兜即封闭。

九、绰网

明 万历刊本《三才图会》

九< **绰网**

明 万历刊本 ◎《三才图会》

绰网多用在较浅的内陆河流中，需要两人同时操作。《绰网图》中，两人各持一长竿，两条长竿撑开的是一个巨大网兜的两边，用来捕捞河中的鱼虾。绰网相当于巨型化的挡网，只不过变挡网的手柄为两条长竿，网兜之大也非挡网所能比。

十、挡网

明 万历刊本《三才图会》

十< 挡网

明 万历刊本 ◎《三才图会》

挡网即后世所谓抄网，以长竿为手柄，另一端捆缚三角木架，并沿着木架敷设网兜，可以站在岸上，手持长柄作业，捞取水中的小鱼小虾。挡网也常配合大罾使用，大罾中获鱼，辅以小挡网取出，相当于手臂的延伸。挡网还有一种变形，叫做叉网。叉网有两根长竿作为手柄，类似于剪刀，可以绞合于一处，把网口封闭，避免鱼虾进网后再逸出网去。

十一、注网

明 万历刊本《三才图会》

十一< 注网

明 万历刊本 ◎《三才图会》

注网又名张网，为定置网具，定于一处，可坐享其成。《三才图会》载:“注网则施于急流中，其制缄口而巨腹，所得鱼极不赀。”可见，注网是用起来轻松，而又有较高渔获量的网具。在江河根据水流方向张设，在滨海则按潮汐方向张设，靠流水的力量把鱼虾冲进网中。注网经常是晚间定设，清晨取走，一夜间足以累积鱼虾无数。关于注网，有“偷网”之说，偷网，即趁网的主人未到之时，事先把网中的鱼虾偷走，网的主人来了以后，往往一无所得。注网最可见世风与人心，在民风淳朴之地，网各有主，无人乱动，这样的民风最令人神往。

十二、塘网

明 万历刊本《三才图会》

十二< 塘网

明 万历刊本 ◎《三才图会》

塘网之名，应是小型水塘中的拖捕网具，用在海中则为船拖网，格局也要比塘中大得多。《塘网图》中出现了四人协同捕捞的场面，这四人分列于两岸，水道不宽，众人手中持缆绳，朝同一个方向拖拽，然而网大塘小，这种网具甚至刮尽塘底，往往能将塘中鱼虾一网打尽。孟子所说“数罟不入洿池”，就是针对此类网具所发的感慨，若塘网过密，拖捕区域过大，则会造成难以恢复的渔业资源破坏。

十三、罾

明 倪端《捕鱼图》

十三< 罾

明 倪端 ◎《捕鱼图》

罾是古代常见的捕鱼器具，以网片缒在机括下，出入水面。有的大罾配有复杂的杠杆原理机械，可随时将网提出水面，从而获鱼。据《史记·陈涉世家》载，秦末陈胜起义时，陈胜就暗中派人把写有“陈胜王”三个字的布帛“置人所罾鱼腹中”，制造声势——烹鱼见书之时，群情耸动，众人皆以为是天意。从这个故事中可看出，罾在秦末已经是普及度很高的民间常用渔罟。此后历代罾法大同小异，愈到晚期，罾的提线及机括愈精巧复杂，但原理都是一致的。明人倪端的《捕鱼图》中，罾的细节更为清晰。渔翁在芦苇丛生的水滨架设木排，其前端伸入水中，从而获得有利的地形，可以使罾延伸到更深的水域。渔夫拉动绳索，罾网露出水面，网中已经有鱼聚集，渔夫神情专注，绳索紧绷，画面充满了张力。

十四、罾

明 谢时臣《虎丘图卷》(局部)

十四< 罾

明 谢时臣 ◎《虎丘图卷》(局部)

虎丘位于苏州古城西北，山丘上及附近有多处名胜古迹。《虎丘图卷》描绘了虎丘的山景名胜、农耕渔唱、文士悠游等等。其中有一人在河流中使用罾，正奋力把罾拉出水面，人物寥寥几笔，罾的网片也用淡墨扫出，笔法苍古，气格清隽。河床蜿蜒，两岸花木葱郁，起罾的渔人为画面增添了动感。

十五、撒网

明 万历刊本《咒枣记》

十五 < 撒网

明 万历刊本 ◎《咒枣记》

撒网又名旋网，明代文湛的《渔家竹枝词》有云："阿侬家住太湖边，出没烟波二十年。不愿郎身作官去，愿郎撒网妾摇船。"撒网多配合渔船使用，是一种用于浅水地区的小型圆锥形网具，用手撒出去能使网口向下，并用与网缘相连的绳索收回来。撒网轻便可携，但对使用者的技术要求很高，技术熟练者，能在空中高抛出纯圆的网罩；不熟练者，则容易缠到自身，狼狈不堪。

十六、罾

明 万历刊本《顾氏画谱》

十六 < 罾

明 万历刊本 ◎《顾氏画谱》

此图是画谱中的渔翁起罾式，在山水画中，罾是常见的元素。其原理颇为简单，由两根竹管作交叉十字形，另有一片方形网衣，四角系在竹竿的四个端点上，是一个撑开的大网兜的形状，再捆在一根长竿上，利用杠杆原理升降。图中的渔夫身披蓑衣，在河边架设了罾，正拉拽绳索，准备将罾提起。

十七、罾

清 刺绣《山水渔读图》

十七< 罾

清 刺绣 ◎《山水渔读图》

山水渔读是历代画家经常选用的绘画题材。此件刺绣将远山近景层次鲜明地表现出来：恬静古朴的茅屋农舍，庄严肃穆的古刹，清幽的江水渔帆，迷蒙的远山云蔼。书生在水边草庐中读书，渔夫在水中用罾捕鱼，各得其趣，表现了一派宁静安闲的意境。

十八、罾

清 刺绣《顾绣五十三参图册》

十八 < 罾

清 刺绣 ◎《顾绣五十三参图册》

该图的罾设在背靠山石的一处水滨，渔夫在水上用木板架起了平台，还做了竹篷遮风挡雨，篷后有几株芦苇，空中还有白鹭飞过，罾已沉入水中，只露出四条弯曲的竹竿，渔夫守着罾，将头靠在臂上，似有倦意。这渔夫是一位菩萨所化，旁边有善财童子在参拜，其事见于《华严经》，善财童子曾向五十三位高人请教，终于修成正果。

十九、汕

清 嘉庆刊本《尔雅音图》

十九 < 汕

清 嘉庆刊本 ◎《尔雅音图》

汕是一种古老的渔具，始见于《诗经 · 小雅 · 南有嘉鱼》：“南有嘉鱼，烝然汕汕。”汕，即带有提线的抄网，用来捕捉小鱼小虾，主要用于内陆淡水，作业规模相对较小。艺学轩影宋本《尔雅音图》中有“罺谓之汕”的考证，并有一幅汕图，可见汕之形貌。汕与罾之类的提线式网具相似，但比罾稍小，灵活性似更佳。另外值得一提的是，“汕头”这一地名，也是源自“汕”这种渔具。

罺（cháo）

二十、大罾

清 刊本《芥子园画谱》

二十< 大罾

清 刊本 ◎《芥子园画谱》

罾常见于水乡，因其操作省力，而又易制，故流布极广，此图中的罾凌空架设在河畔，晚清沈同芳《中国渔业历史》中对这种罾有过一段详解："罾用长竹四根，接合成十字，竹杪四出如长爪，罾网每寸三眼，以麻为之，槌皮猪血染色，见方三丈，四隅系于爪端，悬如仰盂，岸边置设木架，上铺木板，架前有横轴一根，四长五尺，另用长木作锐人字架，前后各一，下端合装于轴，上端相去成九十度，直角连之，以绳前端系罾，后端系大石一块，并绳两条"。起罾时候，通过杠杆作用，将罾拉起，从而获鱼。

二十一、围网

间宫林藏《东鞑纪行》

二十一< 围网

间宫林藏 ◎《东鞑纪行》

1808年，日本人间宫林藏进入中国东北地区探险，所作《东鞑纪行》对黑龙江一带的民风民俗多有记载。这幅图是江河中用围网捕鱼的场景，原作题有“网渔”二字。有一人驾船下水，将渔网带至水中，另一人在岸上拽住大纲，只等船在水中绕一个半圆再回到岸上，网即形成一个包围圈，两人合力在岸上拖拽，即可将网中鱼虾拖上岸。

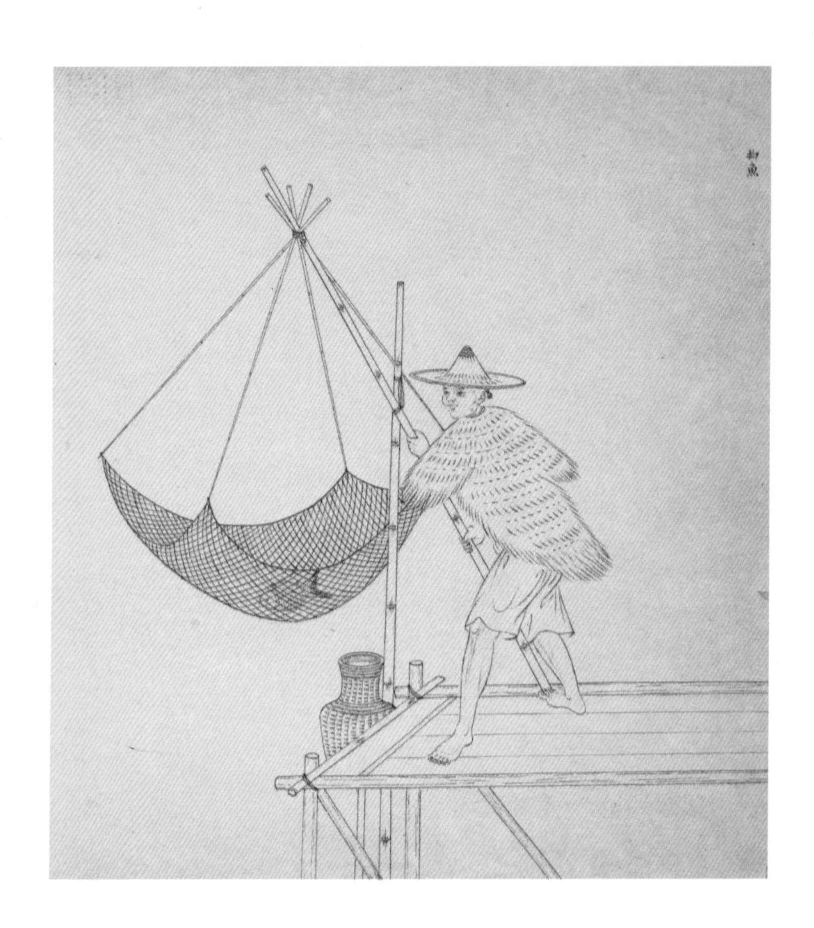

二十二、罾

清 外销画

清 ◎ 外销画

此处的罾见于清末外销画，原作题有“拗鱼”二字，拗是指用力拉，提罾出水时的动作。渔夫戴着斗笠，身上披着蓑衣，正把罾拽出水面，罾内有一条大鱼隐约可见。所不同者，此处的罾四条撑竿各自独立，其顶端汇聚于一点，这种结构似难以有效撑开网片。

二十三、抄网
清 彩绘本《黔苗图说》

二十三< **抄网**

清 彩绘本 ◎《黔苗图说》

晚清的彩绘本《黔苗图说》摹写贵州苗人日常生活状貌，内有两图涉及渔具，且都为长竿抄网，可见这一渔具形式在当地很流行。此类抄网以竹条或藤条弯成椭圆形的圈，在圈上缝制长锥形的网兜，随后接续一根长竿，可从岸上伸出长竿，在水中直接捞鱼，或者在网兜里加饵来诱鱼入彀，极为便利。这帧图像为捕鱼之时的状貌，两人涉足浅水直接用抄网捞鱼，岸上有一人提着鱼篓，肩上也扛着一个抄网，望着水中的二位，似来接应。

二十四、抄网

清 彩绘本《夷人图说》

二十四 < **抄网**

清 彩绘本◎《夷人图说》

该图是清代云南楚雄府少数民族捕鱼的状貌。其中一人手持长杆抄网，这是从水中捞鱼的器具，由一根长杆和三角形的框架组成，麻线的网兜缝在三角形的边框上，在边框的支撑下，网兜可以随时保持张开状态。手拿抄网的人从水边回来，手里还拎着一条大鱼，这是捕鱼归来之时。

二十五、夹蚬子

1909年《图画日报》

二十五 < 夹蚬子

1909年 ◎《图画日报》

夹蚬子的网俗称夹网，亦即扠网，由两根交叉的竹竿控制网口的开合。有诗写其状：“小船一只水面摇，竹竿两支水底交。渔翁船头夹蚬子，水声漉漉生秋潮。竹竿夹紧网口合，蚬子不能将网出。不知内中可有鹬蚌争，恰被渔翁同夹入。”

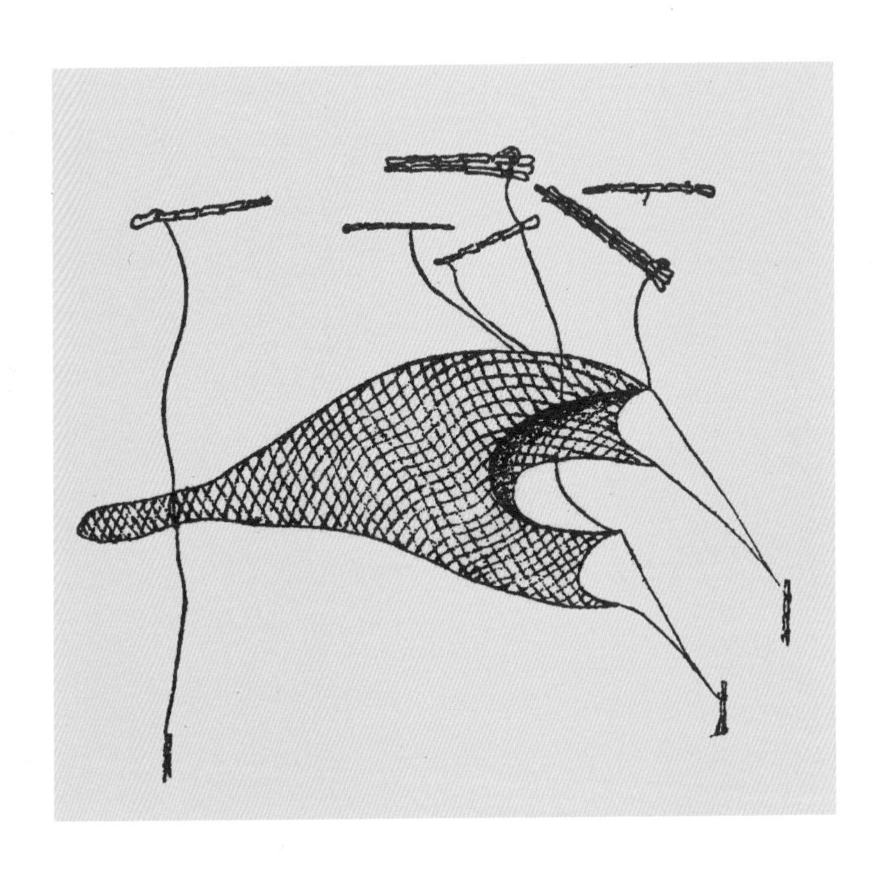

二十六、大网布海全图

民国二十六年商务印书馆 李士豪、屈若搴《中国渔业史》

二十六< 大网布海全图

民国二十六年商务印书馆 李士豪、屈若搴 ◎《中国渔业史》

《大网布海全图》的原图有文字说明，说出了这种网的原理："插椿三根于海，前两椿各系二索，分系网之上下唇，又环系以浮筒，使张其口，后一椿只用一索，系于网尾，使不随流翻裂，另复系一筒，作为钩网之用。"可见，所谓的大网，是利用海岸潮差原理而定设的一种渔网，该网的不便之处在于只有一面受鱼。

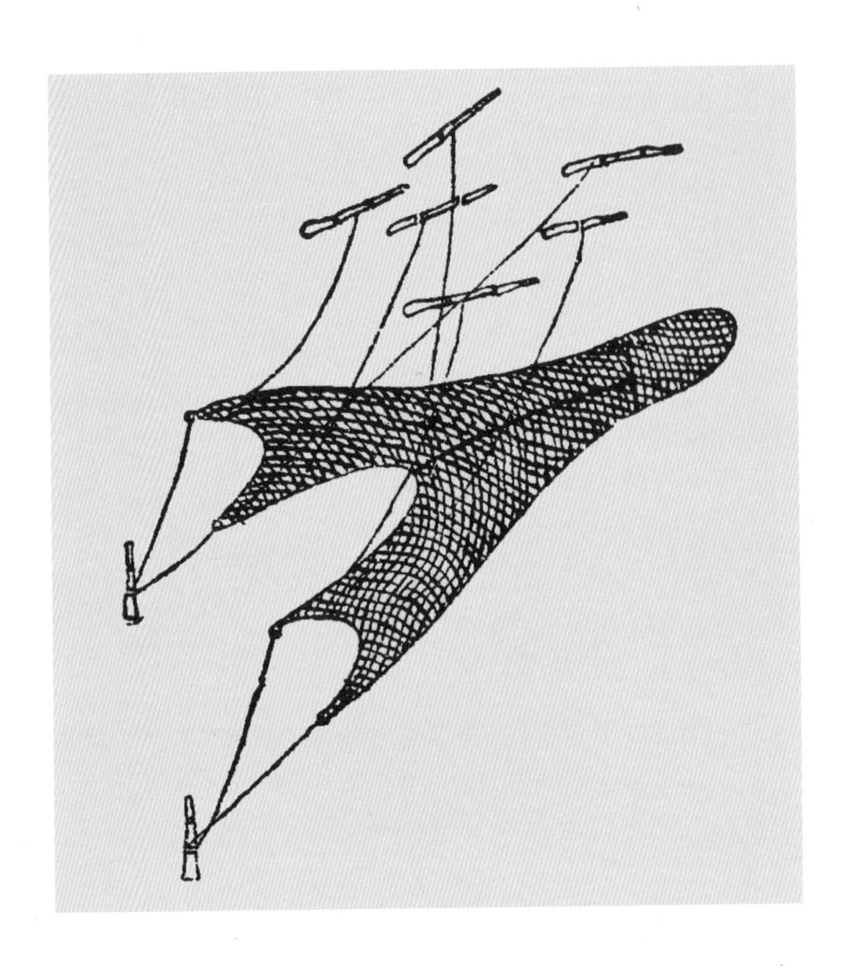

二十七、翻缯布海全图

民国二十六年商务印书馆 李士豪、屈若搴《中国渔业史》

二十七 < 翻缯布海全图

民国二十六年商务印书馆 李士豪、屈若搴 ◎《中国渔业史》

翻缯是一种比较巧妙的渔网，《翻缯布海全图》下有说明：“翻缯先以两竹楸插入海泥中，以系缯之四隅，上两隅以竹筒系之，使张其口捕鱼。翻缯形如大网，惟尾无根索，留使自翻。潮水涨时，缯口顺流受鱼，潮退则缯之末段全翻折入缯心，潮力紧推，全缯之里面翻作表面，而前潮之鱼在内者，自能打一结束缯尾，不因翻潮而倒出，故名之曰翻缯。”翻缯之巧，在于其能根据潮汐方向及时调整位置的布局，定置之后，鱼虾顺流而入，不必耗费人力前去调整。

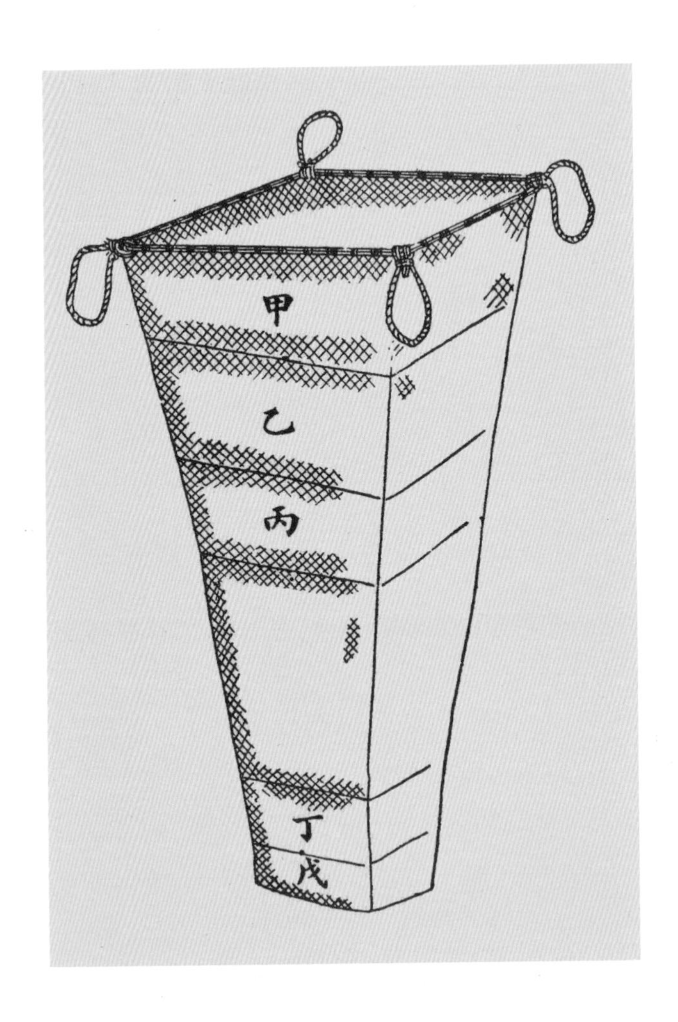

二十八、长网图

民国二十六年商务印书馆 李士豪、屈若搴《中国渔业史》

二十八 < 长网图

民国二十六年商务印书馆 李士豪、屈若搴 ◎《中国渔业史》

《长网图》未标注文字说明，但从结构来看应属多网室的连环陷阱原理，这让我想起童年时代在故乡青岛用过的袖网，与长网原理相同，只不过是圆筒形，网袖内部敷设铁圈，也有的弯竹片为网圈。这类网也是利用潮流，其阔口朝向潮路，鱼虾涌进，次第进入甲乙丙丁戊五个网室内，进口为喇叭阔口，出则不得出，最长者可达二十余个网室，也是东海一带常见的渔网类型。

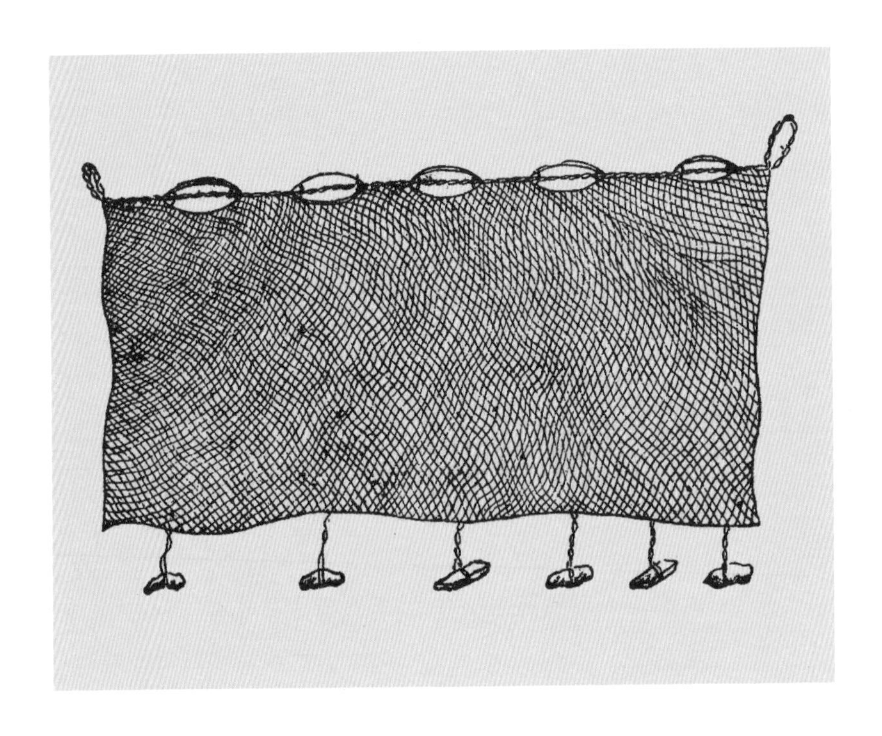

二十九、缍

民国二十六年商务印书馆 李士豪、屈若搴《中国渔业史》

二十九 < **缝**

民国二十六年商务印书馆 李士豪、屈若搴 ◎《中国渔业史》

缝亦可写作帘，即今天常用的刺网，原图有图注：“缝长约十丈，阔约六丈，其形有目无袋，上系以椟，使之浮，下系以砖，使之坠，两旁有耳，备与各缝相连。”长带形的网衣设于水中，往来游鱼碰到网上，或被网衣缠裹，或被网扣套住，从而实现捕捞。南宋周密的《齐东野语》中最早出现对这种渔网的记载，其长度可根据水域条件、渔船大小等因素确定，短则几十米，最长可达数千米。

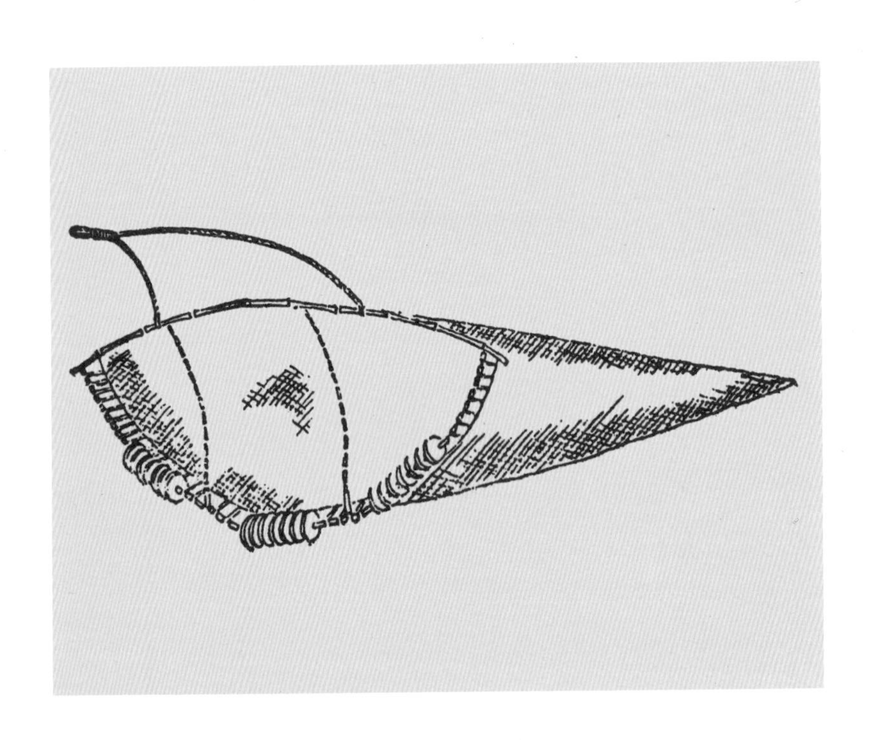

三十、墨鱼拖网

民国二十三年《墨鱼渔业试验报告》

三十< 墨鱼拖网

民国二十三年 ◎《墨鱼渔业试验报告》

此图见于民国期间的《墨鱼渔业试验报告》，专为考察舟山群岛的墨鱼捕捞业。这种拖网是捕捞墨鱼所用，“墨鱼拖网属缲网类，全部装置颇能适合渔场状况，全体麻线编成，由背网腹网二部拼合，先染以槲树皮汁液，再染猪血。”这种拖网的网口有竹竿，撑开网口，下缘有二十四个可以滑动的木轮，可在海底的砂石质地上滑动。使用时驾小船将拖网抛入水中，司桨者奋力挥桨，借助船行的拉力，使拖网在海的底层移动，从而获鱼。

第三部分·钓具

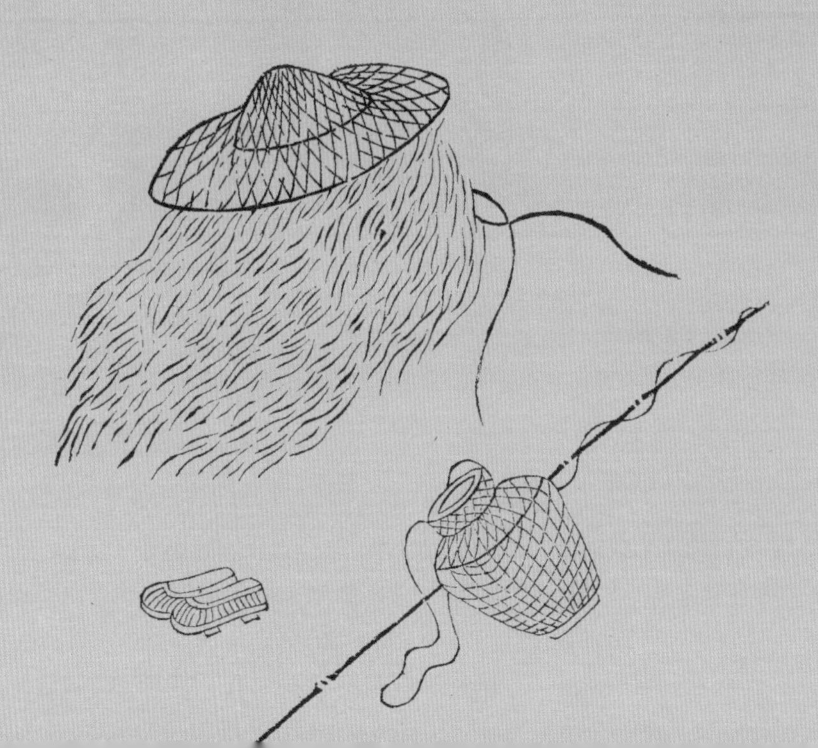

一、髡发童子带鱼竿出行

西夏榆林窟

髡发童子带鱼竿出行

髡发童子带鱼竿出行 ◎ 西夏榆林窟

此图是西夏榆林窟中的壁画局部，在画面中，髡发的西夏童子肩扛鱼竿，结伴去钓鱼。鱼竿在这里只是简略的符号，童子将鱼竿攥在手中，靠在肩膀上，另一端斜刺里指向天空，这是一种较为惬意的姿势，鱼竿上依稀可分辨出竹节和钓丝的痕迹。

髡（kūn）

二、钓车

南宋 马远《寒江独钓图》

二< 钓车

南宋 马远 ◎《寒江独钓图》

南宋画家马远的传世名作《寒江独钓图》取唐人柳宗元“孤舟蓑笠翁，独钓寒江雪”的诗意，只寥寥数笔，勾勒出一人一舟。舟上渔翁持竿垂钓，船的周围只有几条若隐若现的水波，令人觉得江天寂寥、山寒水瘦，冷气森森扑面。画中的渔夫专注于水波，头部稍微前倾，眼观鱼线入水之处，殷殷盼鱼之意跃然纸上。值得注意的是渔翁手中的鱼竿，马远并没有像其他画家一样，把鱼竿简化为一条直线，而是用细笔画出了鱼竿上所配的线轮。从画面来看，线轮应为木质，辐条八根，投入水中的鱼线，是从轮上的凹槽中导出，鱼上钩时，可转动线轮，将渔线收回，从而得鱼。这里的线轮，已经和我们今天所使用的线轮式钓竿基本一致了。这幅《寒江独钓图》清晰摹写了公元十二世纪古人用绕线轮钓鱼的情景，可能是现存最古老的反映钓鱼竿上使用绕线轮的画作，古代人们称这种装有绕线轮的钓具为“钓车”。

三、钓车

元 吴镇《渔父图》(局部)

三 < 钓车

元 吴镇 ◎《渔父图》(局部)

元代画家吴镇在他的《渔父图》也描摹了钓车，画面中的渔夫也是乘船垂钓，他端坐在船头，右手抱橹，左手持竿。与《寒江独钓图》不同之处在于，这里的线轮被简化为一个单线条的圆圈，轮毂也由交于圆心的三条线段表示。虽然这种处理极为精简，甚至简化成为抽象的符号，但仍能一眼认出钓车的形态，渔人神态悠闲，正在船头坐等鱼咬钩。

四、钓车

明 戴进《渭滨垂钓图》(局部)

四< 钓车

明 戴进 ◎《渭滨垂钓图》(局部)

明人戴进的《渭滨垂钓图》也涉及到钓车，此图所绘的是姜尚在渭水之滨垂钓，遇到了前来访贤的周文王。姜尚与周文王相见，鱼竿放置于树杈制成的支架上，半截鱼竿在地上，另外半截仍伸向水中。就在水陆交接处，鱼竿上的线轮极为醒目。明人作此画，当属以今推古，即以明代的钓具制式来入画，而身处商周之际的姜尚，所用之竿却未必有钓车。彼时的鱼竿，仍处于草创阶段，但这并不妨碍钓车入画。飞速旋转的钓车，使古贤的隐逸生涯充溢着更为轻盈的精神背景，而钓车的收与缩也使隐者看上去显得高深莫测，不论江河湖海多深多远，一切尽在掌控之中。

五、钓车

明 蒋嵩《渔舟读书图》(局部)

五 < 钓车

明 蒋嵩 ◎《渔舟读书图》(局部)

在明人蒋嵩的《渔舟读书图》中，也可看到钓车的踪迹：一人读书，另有船夫撑船，在船篷上斜插着一支钓竿，钓竿靠上部分有一圆圈，也是绕线的转轮。只不过画得简略，只取其意，可见钓车是当时渔舟的常见之物。

六、钓竿

明 沈周《秋江垂钓图》

六< 钓竿

明 沈周 ◎《秋江垂钓图》

《秋江垂钓图》摹写江畔的垂钓之乐，在远山的映衬之下，奔流而来的江水浩浩荡荡，有一人坐在江边的石矶上，鱼竿横在身旁，钓丝绵延至江中，他的双脚垂入水中，双手向后，撑住地面。在秋日里的垂钓，更能体验到高远、悲凉的自然境界，而这种境界的乐趣，又远在获鱼之外。

七、钓竿

明 吴彬《柳溪垂钓图》(局部)

七< 钓竿

明 吴彬 ◎《柳溪垂钓图》(局部)

《柳溪垂钓图》中，钓者坐在船头，举着钓竿在等待，他目视前方的水面，身旁放着一堆书。垂钓者的衣冠以及船上的饰件，都不似渔夫的寒俭。钓鱼成为士绅阶层的消遣，是精神生活的一部分，旨在娱情乐志，已与生存问题关联不大，故而和渔夫的垂钓有所不同。

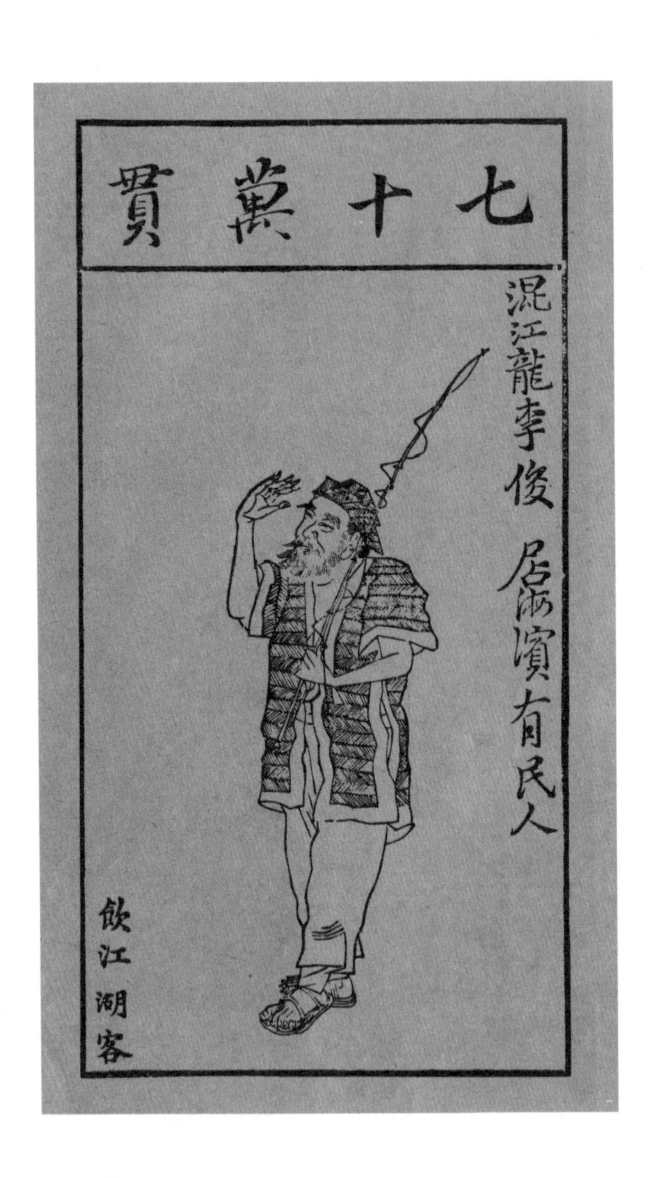

八、钓竿

明 陈洪绶《水浒叶子》

八 < 钓竿

明 陈洪绶 ◎《水浒叶子》

手持钓竿的也不光是贤者与隐士，也有大盗。明代画家陈洪绶所作《水浒叶子》中的混江龙李俊也是手持钓竿，斜搭在左肩上，竿头指天，右手腾出来手搭凉棚朝前方观望。水浒叶子原本是一种酒牌，运用《水浒传》文本中原有的排座次概念及人物的特性，将水浒人物的性格特征与酒令文字作巧妙的搭配，形成各种戏谑嘲讽、影射现实、幽默风趣的文字游戏。

九、严子陵像

明 万历刊本《无双谱》

九 < 严子陵像

明 万历刊本 ◎《无双谱》

古时声誉素著的垂钓者当中，除了姜尚之外，当属严子陵。所不同的是，姜尚的钓是为了仕，而严子陵的钓却是为了隐。《无双谱》载严子陵事迹："先生名光，字子陵，余姚人，少与光武同游学，及即位，隐身不见。帝思其贤，令物色访之，后齐国上言，有一男子披羊裘钓泽中，帝疑是光，遣使聘之，三返而后至。"严子陵见到光武帝后，不愿做官，仍愿意做逍遥隐士，后来垂钓于富春江畔，至今有严子陵钓台遗迹。

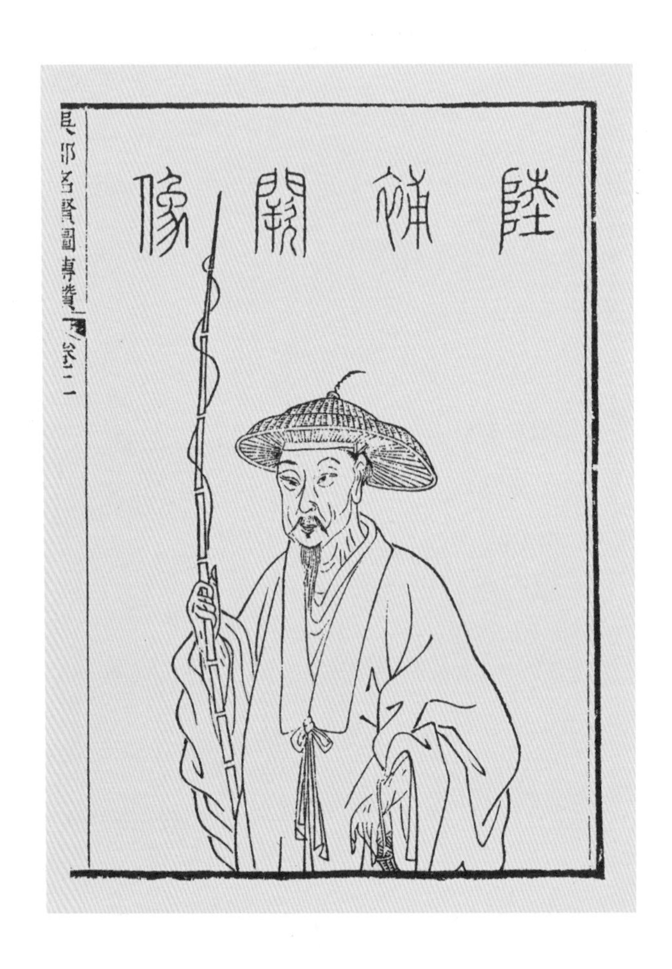

十、陆龟蒙像

清 道光刊本《吴郡名贤图传》

十< 陆龟蒙像

清 道光刊本 ◎《吴郡名贤图传》

陆龟蒙是晚唐诗人，是中国古代著名的“渔隐”。陆龟蒙年轻时举进士不第，隐居松江甫里，人称甫里先生，置园顾渚山下，不与流俗交接，常乘船游荡于江湖间。陆龟蒙曾作《渔具诗》二十首，并在小序中为渔具分类，可看作是一篇极为详备的渔具史料。陆龟蒙喜垂钓，传世的画像也多是手持鱼竿之貌，鱼竿成为他手中的标志性物件。

十一、垂钓

清 康熙版《芥子园画传初集》

十一< 垂钓

清 康熙版 ◎《芥子园画传初集》

这幅垂钓图见于清代著名的国画入门教程《芥子园画传》，渔翁垂钓的形象是国画中常见的题材，寥寥几笔，不求形似，只求神似。这里的渔翁身披蓑衣，头戴斗笠，鱼竿和鱼线互相垂直，仅以单线条画出，但形神兼备。

十二、钓竿

清 石涛《雨中垂钓图》

清 石涛 ◎《雨中垂钓图》

在石涛的《雨中垂钓图》中，渔夫的船停泊在河岸边的枯树之下，河面平静。渔夫举右手握着鱼竿，竿头稍稍上扬，钓丝若有若无，看不见的钓钩已经沉到河水深处。远处的山石、树木阴郁而又湿润，四下里空无一人，垂钓者的心境可想而知。

十三、钓竿

清 刺绣《渔樵耕读图轴》

十三 < 钓竿

清 刺绣 ◎《渔樵耕读图轴》

此图是传统的渔樵耕读题材，题跋中有“采樵过野逢田父，理钓临溪听读书”两句诗，表现文人对清雅闲适、自得其乐的理想生活的追求。渔夫的钓竿放在地上，与农人闲话，远处则有读书的草堂，桥上走来了砍柴归来的樵夫。

十四、钓鱼

清 外销画

十四 < **钓鱼**

清 ◎ 外销画

此图见于清代外销画，描画了一个渔夫垂钓的场景，该渔夫已经将咬钩的鱼拽上岸，钓竿纤细，竹节依稀可辨。轻盈的笔触表现了鱼竿的弹性，渔夫头戴斗笠，斜背着鱼篓，装备齐全，一是个典型的中国垂钓者形象。

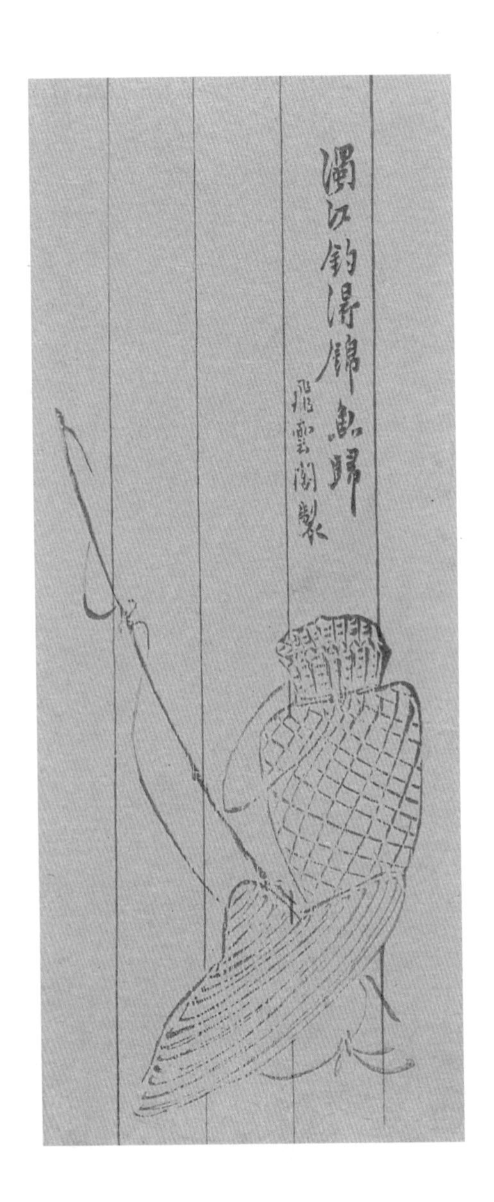

十五、钓竿

清 刻本《各种名笺》

十五 < 钓竿

清 刻本 ◎《各种名笺》

该图见于清代笺谱，题有“浊江钓得锦鱼归”一句。一根钓竿矫然而出，钓线盘旋缠绕。和鱼竿放置在一起的，还有鱼篓和斗笠，都是钓鱼所需的工具。画面中唯独不见渔夫，渔具成为主角，这种大胆的取舍带来了更为深广的想象空间。

十六、鱼竿

清 刻本《各种名笺》

十六< 鱼竿

清刻本 ◎《各种名笺》

唐人张志和曾作《渔歌子》："西塞山边白鹭飞，桃花流水鳜鱼肥。青箬笠，绿蓑衣，斜风细雨不须归。"这张名笺按照张志和《渔歌子》的大意，绘有钓竿、白鹭、斗笠、蓑衣、草鞋和鱼篓，这些都是渔夫常用的工具。

十七、钓竿

清 凤翔木板年画《鱼乐图》

十七 < 钓竿

清 凤翔木板年画 ◎《鱼乐图》

《鱼乐图》是陕西凤翔县年画的一个常见题材，原有多种，现选其一。图中有两名女子，一人肩上横着鱼竿，另一人提着鱼篓跟随在后，篓中有一尾大鱼，二人缓步而行，显然是刚刚垂钓归来。所谓的鱼乐，即获鱼之乐，当有了一定的物质基础之后，垂钓活动也有了娱乐功能。

十八、钓竿

清 杨家埠年画《千家诗》

十八< 钓竿

清 杨家埠年画◎《千家诗》

该图是杨家埠年画中的“千家诗”系列，题有宋代诗人谢枋得的《庆全庵桃花》:“寻得桃源好避秦，桃红又是一年春。花飞莫遣随流水，怕有渔郎来问津。”用的是陶渊明《桃花源记》的典故，画中有一渔夫误入世外桃源，他头戴斗笠，背后背着鱼篓，鱼竿上钓丝缠绕，这成为渔夫身份的标志。

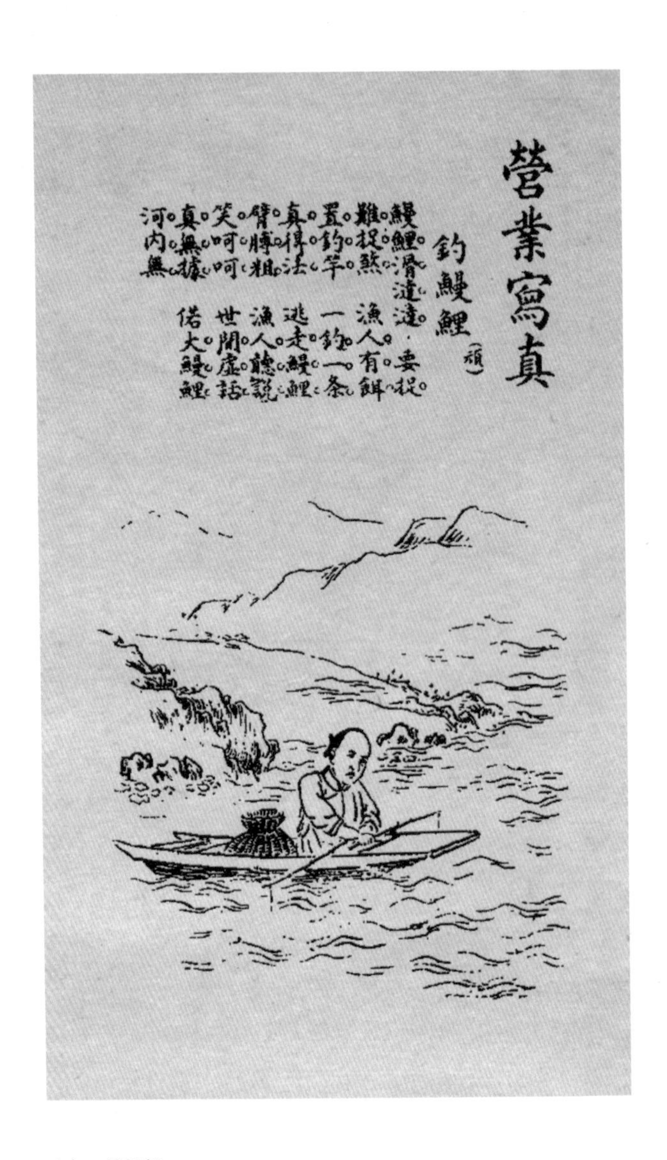

十九、钓鳗鲤

1909年《图画日报》

十九 < 钓鳗鲤

1909年 ◎《图画日报》

该图记载钓鳗鲤的乐趣，一人在水上放舟，左右手各持一钓竿，静等鱼上钩。图中还有歌谣曰：“鳗鲤滑漨漨，要捉难捉煞。渔人有饵置钓竿，一钓一条真得法。逃走鳗鲤臂膊粗，渔人听说笑呵呵。世间虚话真无据，偌大鳗鲤河内无。”

二十、钓竿

丰子恺《垂钓图》

二十< 钓竿

丰子恺 ◎《垂钓图》

在丰子恺的《垂钓图》中，一个女人斜坐在湖堤的栏杆上，鱼竿探进水里，钓丝入水处还有几圈涟漪。垂钓者怕惊走游鱼，故而安静等待，手里的鱼竿一动不动，蜻蜓飞来立在竿头，画上题诗曰："香饵自香鱼不食，钓竿只好立蜻蜓。"

第四部分·掩罩

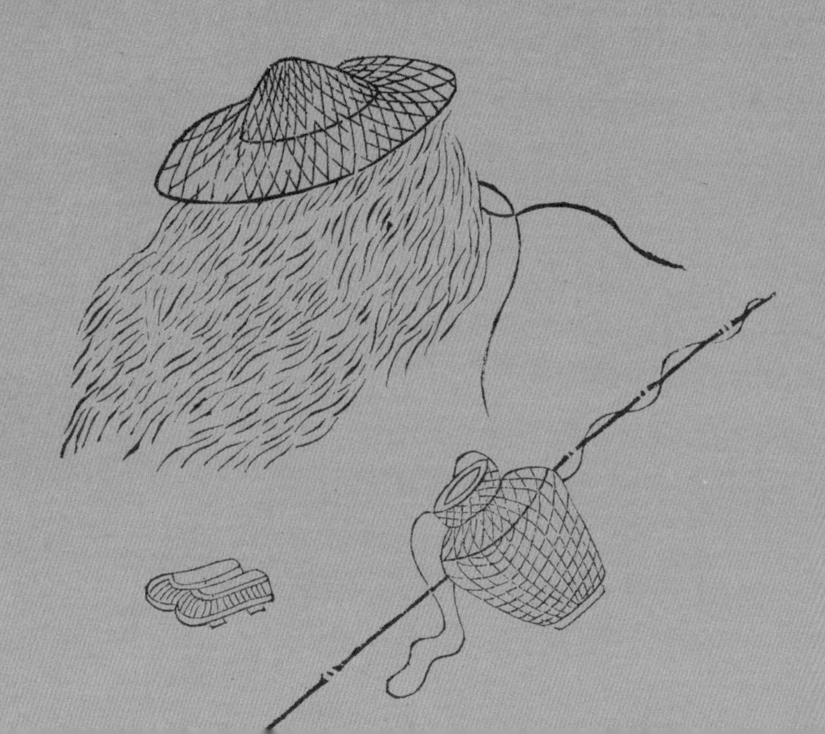

一、鱼罩

山东嘉祥出土 汉画像石

一< 鱼罩

山东嘉祥出土 ◎ 汉画像石

在嘉祥武梁祠的一幅汉画像石中，桥下的水中有人在用罩捕鱼，大鱼在水中出没，一派繁忙景象。罩的形状近似于无底的竹筐，一般是由竹篾或柳条编制而成的圆筒，上下通透，适合在浅水中捕鱼，捕鱼者手持罩涉入浅水中，见到有鱼，就用罩急扣下去，鱼被扣在其中，从顶端伸手进入，即可将鱼取出。

二、罩

南宋 马和之《诗经图》

二< 罩

南宋 马和之 ◎《诗经图》

《诗经·小雅·南有嘉鱼》曰："南有嘉鱼，烝然罩罩"，说的就是用罩捕鱼的场景。在南宋画家马和之的《诗经图》中，渔夫把船停泊在浅水中，随后携带鱼罩下水捕鱼。水刚刚过膝，渔夫双手抓着罩的顶端，作势要往水中扣去。他手中的罩是竹编的，只有纵向的经线，而无横向的纬线，上下两端则由两个竹圈组成。远处的大片空白皆是河水，四下里安静，只有这一个渔夫在用罩捕鱼。

三、罩

明 戴进《太平乐事》

三< 罩

明 戴进 ◎《太平乐事》(局部)

戴进的《太平乐事》册页计有十图，依序有《婴戏》《骑牛》《捕鱼》《娱乐》《戏耍》《试射》《耕罢》《观戏》《木马》《牧归》，内容都是描绘社会安和乐利的景象，以及百姓生活的多样化。这里选的是《捕鱼》一图的局部，有一人在浅水中用竹罩罩鱼，他只在腰间裹布，便于水中行动，他用双手扶住罩口，显然已扣住了大鱼。

四、罩

明 周臣《渔乐图卷》(局部)

明 周臣 ◎《渔乐图卷》(局部)

明代的《三才图会》记载:“罩则竹编,空其两头。”该图中的渔夫所持罩已扣在水中,这个渔罩齐腰高,用竹篾编成,渔夫正弯着身子去罩中取鱼,他的肩上斜挎着鱼篓,所得的鱼装在鱼篓中。渔夫光着上身,赤着脚,站在浅水中,周围是芦苇,水波荡漾,一派繁忙景象。

五、罩

清 彩绘本《苗蛮图说》选页之一

清 彩绘本 ◎《苗蛮图说》选页之一

《水犵狫》一图绘一个袒右臂的男子在用鱼罩扣鱼，口里还衔着一尾刚刚捉到的鱼，足底波纹荡漾，象征辽阔的水域。这鱼罩是一个无底的竹筐，一头粗一头细，高可齐腰，捕鱼者涉入浅水中，瞅准鱼群急扣下去，鱼群就被圈在竹筐里，随后可从上方的开口处将扣住的鱼一一摸出。图后有释文曰：“水犵狫在施秉、余庆等处，善捕鱼，隆冬能入深渊。男衣与汉同，女子袖褶长裙，婚姻丧祭如汉礼，且能畏官法。”

六、罩

清 彩绘本《苗蛮图说》选页之二

清 彩绘本 ◎《苗蛮图说》选页之二

与上图相似，这里说的水犵狫，即后来的仡佬族。他们善于捕鱼，到了神乎其技的地步，甚至可以在冬季潜水捕鱼。图后另附诗一首，诗云："水犵狫真善捕鱼，入渊信手百无虚。只嫌妇女循苗饰，细褶长裙俗未除。"亦是写水犵狫的捕鱼技术，且言妇女被百褶长裙所束缚，难以像男子一样下水一展身手。

七、罩

清 彩绘本《夷人图说》

清 彩绘本 ◎《夷人图说》

该图绘西南少数民族在山间溪流中捕鱼的场景。从山上流下的溪流汇聚为一片开阔的水域，水滨还有竹林掩映。有一渔夫赤着上身，下身只着短裤，他正在用罩捕鱼，已经捉到了一条鱼，叼在嘴里，腾出两只手在罩里继续摸索。

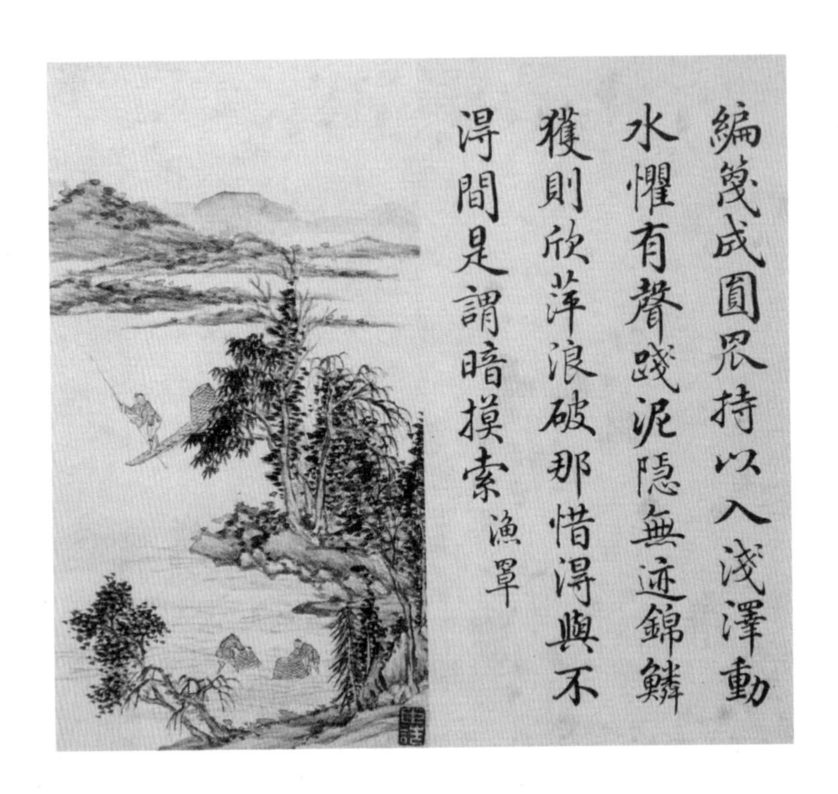

八、渔罩

清 董诰《御制渔具十咏图》

八< 渔罩

清 董诰 ◎《御制渔具十咏图》

该图是清代画家董诰所绘，摹写渔夫在水中用罩捕鱼之状，并题有乾隆皇帝的御制诗："编篾成圆罛，持以入浅泽。动水俱有声，践泥隐无迹。锦鳞获则欣，萍浪破那惜。得与不得间，是谓暗摸索。"这首诗写的是用罩捕鱼的乐趣，竹篾编制的圆罩，渔夫拿着罩进入浅水中，踏水有声，而脚底的泥泞却无人看到，得失之间，全靠摸索，写出了罩的特点。

九、罩

清 嘉庆刊本《尔雅音图》

九< 罩

清 嘉庆刊本 ◎《尔雅音图》

《尔雅·释器》中有“籗谓之罩”的说法，籗即罩的别称。罩是一种古老的渔具，《诗经·小雅·南有嘉鱼》就出现了以罩捕鱼的场景：“南有嘉鱼，烝然罩罩。君子有酒，嘉宾式燕以乐。”古时鱼类资源丰富，用罩取鱼极为简便，时至今日仍有使用。

籗（zhuó）

十、罩

清 康熙 素三彩捕鱼图长方几（局部）

十< 罩

清 康熙 ◎ 素三彩捕鱼图长方几（局部）

此处有两名渔夫在水中用罩捕鱼，左侧的渔夫正伸手进罩去捉鱼，而头却转向后看，原来他身后的渔夫已经从罩里捉出了一条大鱼，二人一呼一应，格外生动。为了不弄湿衣服，他甚至光着下身，在实际的渔业捕捞中，这种裸露是常见的。

十一、渔罩

清末民初 天津石印版《醒俗画报》

十一< 渔罩

清末民初 天津石印版 ◎《醒俗画报》

该图见于清末天津的《醒俗画报》，题为《渔翁觅利》，图中有渔夫使用渔网和罩，捕捞的却不是鱼。图中有注："广东大沙头堕河各妓女尸身，多有金银首饰，及时表银币等贵重之物，连日有渔船多艘，在该处寻觅，每有获得巨资者，殆所谓渔翁得利哉。"原来，这些渔夫是在打捞投水的妓女，从她们身上寻找金银首饰。其中有一人使用罩，罩适合捕捉活物，对于打捞金银首饰，似乎并无多大作用，或为绘图者的纰漏。

十二、罩鱼

清 外销画

十二 < 罩鱼

清 ◎ 外销画

此图见于清代外销画，图中的罩似乎更接近于鸟笼，竹篾的间隙较大，这是专门用来捉大鱼的，小鱼会从缝隙里漏掉。相对而言，这种罩的制作更为简单，和那些密密匝匝的罩相比，制作工期大为缩减，入水时阻力小，携带起来也轻便，但对渔业资源的要求较高。

第五部分·笼壶

一、蟹簖

明 万历刊本《三才图会》

一< 蟹簖

明 万历刊本 ◎《三才图会》

图中所示的捕蟹场景悠然惬意：一渔夫泛舟于水面，在船的外围，是插竹而围起的一片半封闭式水域，渔夫手中所持的两个竹编的锥状篓，即为蟹笼之一种。渔夫正在检视蟹笼，眉开眼笑，连眼睛和眉毛都笑弯了——蟹笼里定有沉甸甸的收获。《三才图会》载："簖者，断也。织竹如曲簿，屈曲围水中，以断鱼蟹之逸。其名曰蟹簖，不专取蟹也。"由此版画中可见蟹簖和蟹笼的配合使用，而且指出蟹簖虽然名为蟹簖，但不单单是捕蟹，也可捕鱼。

簖（duàn）

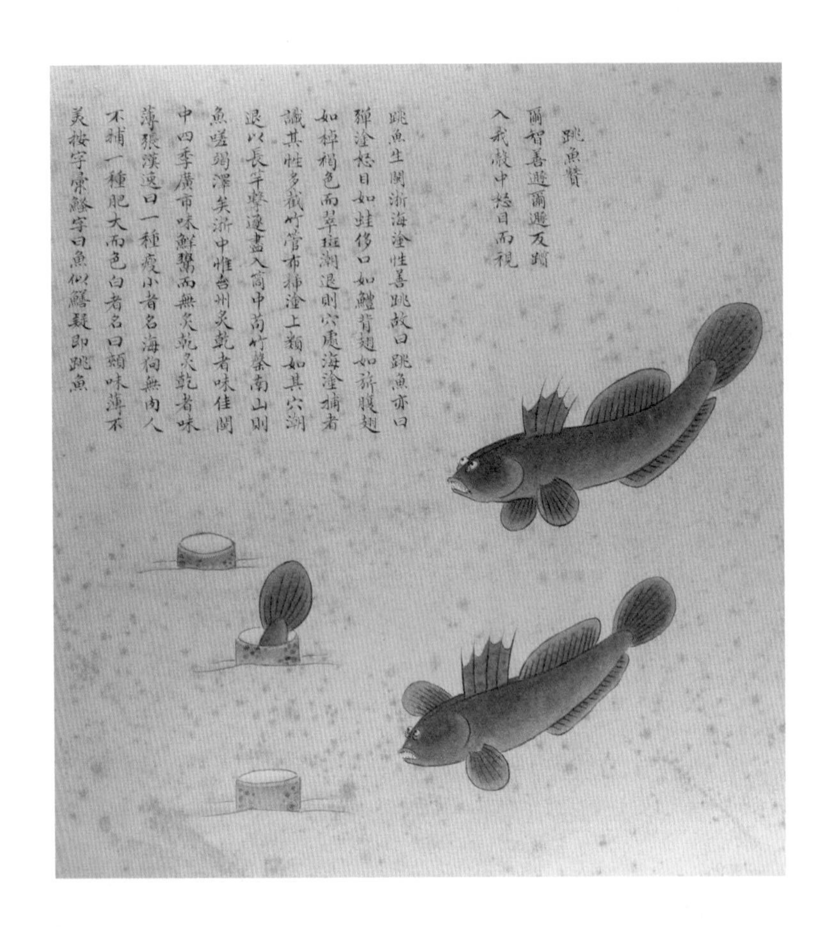

二、弹涂竹管

清 聂璜《海错图谱》

二< 弹涂竹管

清 聂璜 ◎《海错图谱》

清代画家聂璜的《海错图谱》中提到了跳鱼及捕捉方法："跳鱼生闽浙海涂，性善跳，故曰跳鱼，亦曰弹涂。怒目如蛙，侈口如鳢，背翅如旗，腹翅如棹，褐色而翠斑，潮退则穴处海涂。捕者识其性，多截竹管布插涂上，类如其穴，潮退以长竿击逐，尽入筒中，苟竹罄南山则鱼嗟竭泽矣。"用竹管做成诱捉跳鱼的假洞，渔人预先把竹管插入在海涂上弹鱼洞的旁边，再在原弹洞上放上用海泥制成的堤堰遮住原洞口，同时也以此作为捕捉时的标记。等弹涂鱼出洞在滩涂上觅食和活动时，渔人持竿驱赶，跳鱼慌张逃窜，误入假洞，成了"瓮中之鳖"。竹管质地硬，跳鱼钻进去后，便被卡在竹筒里，难以转身，渔夫从泥滩里抽出竹管，将其中的弹涂鱼倒进鱼篓里，然后用竹管再次操作。因所布设的竹管甚多，可达百余根甚至更多，但凡误入竹管的弹涂鱼无一逃脱，收获极为可观。

三、蟹篓

19世纪 外销画

三< 蟹篓

19世纪 ◎ 外销画

这是清代卖蟹之图，小贩挑着两个蟹篓，这种蟹篓用竹篾编织而成，主体部分呈圆柱形，为了防止蟹逃出，蟹篓的出口收紧，并有阶梯状的起伏，可以阻断蟹的出路。只需伸手进篓口，就可将蟹捉出。

四、蟹簖

溥心畬《山魈图》

溥心畬 ◎《山魈图》

溥心畬是满清宗室，溥仪皇帝的堂兄，擅丹青，与张大千并称“南张北溥”。所绘《山魈图》鬼气森森，山魈鬼面，只有一足，是山中精怪，它手中拿着蟹簖，作垂涎状，蟹簖中有两只蟹。山魈与蟹簖的渊源，见于祖冲之《述异记》，说的是富阳有渔夫设蟹簖捕蟹，却被山魈偷吃，渔夫捉住山魈，关在蟹笼里，回家用火将山魈烧死。因此溥心畬的题画诗云：“深谷无人踟蹰行，偷来蟹簖喜还惊。早知变木遭熏炙，不若空山赋月明。”

五、筌

溥心畬《得鱼图》

溥心畬 ◎《得鱼图》

溥心畬的《得鱼图》画的仍是鬼怪，是一个面貌凶恶的夜叉捕鱼归来，用竹竿挑着筌，筌内还有一条鱼，这是夜叉的猎物，这只夜叉也学着人的样子使用渔具。筌是一种竹制的渔具，《庄子·外物》曰：“筌者所以在鱼，得鱼而忘筌”。筌一般是指盛放活鱼的竹篓，也有观点认为筌是一种诱捕的渔具，里面放了诱饵，筌口有竹篾的倒刺，鱼进入后便不能出。

筌（quán）

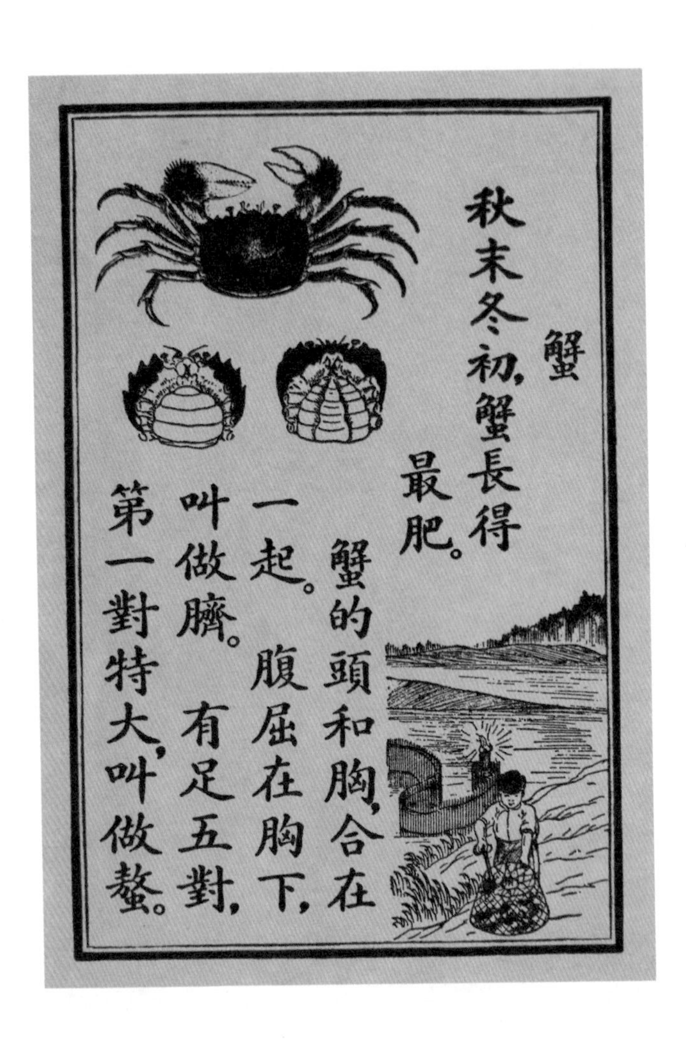

蟹

秋末冬初，蟹長得最肥。

蟹的頭和胸，合在一起。腹屈在胸下，叫做臍。有足五對，第一對特大，叫做螯。

六、蟹笼

民国二十二年《小学常识课本》第三册

六 < **蟹笼**

民国二十二年 ◎《小学常识课本》第三册

民国时期的《小学常识课本》中对蟹有一篇介绍：“秋末冬初，蟹长得最肥。蟹的头和胸合在一起。腹屈在胸下，叫做脐。有足五对，第一对特大，叫做螯。”从配图来看，蟹是大闸蟹，还展示了蟹的两种腹脐：雄蟹脐尖，雌蟹脐圆。在右下角，附了捕蟹的场景，河畔的竹障上燃着火把，蟹有趋光的习性，就会纷纷前来，进入竹障布成的迷宫，汇聚到一起，进入窄门，在窄门处放置蟹笼，从而获蟹。这是一种锥形的蟹笼，捕蟹者正用长夹子把蟹夹出来。

七、乌贼笼

民国二十三年《墨鱼渔业试验报告》

七< 乌贼笼

民国二十三年 ◎《墨鱼渔业试验报告》

乌贼笼由竹篾编制而成，构造巧妙，笼身为圆筒形，上下两端皆有竹篾编制的漏斗状入口，“乌贼由此入而不得再出也”。至于使用方法，该《试验报告》中也有详述：“及渔期将届，乃将笼依次悬系总纲，每一渔船渔夫三人，放笼三百只，作业时，一人操橹，二人拔笼。渔获旺盛时，每天工作早晚二次，每次约需二小时；渔获少时，每天于平潮时起笼一次，起笼时，先将浮标捞出，再拔浮标及总纲，于是向反对方向依次将笼起上放下，有鱼之笼，则取至船内，将鱼倒出，再行放入海中。”

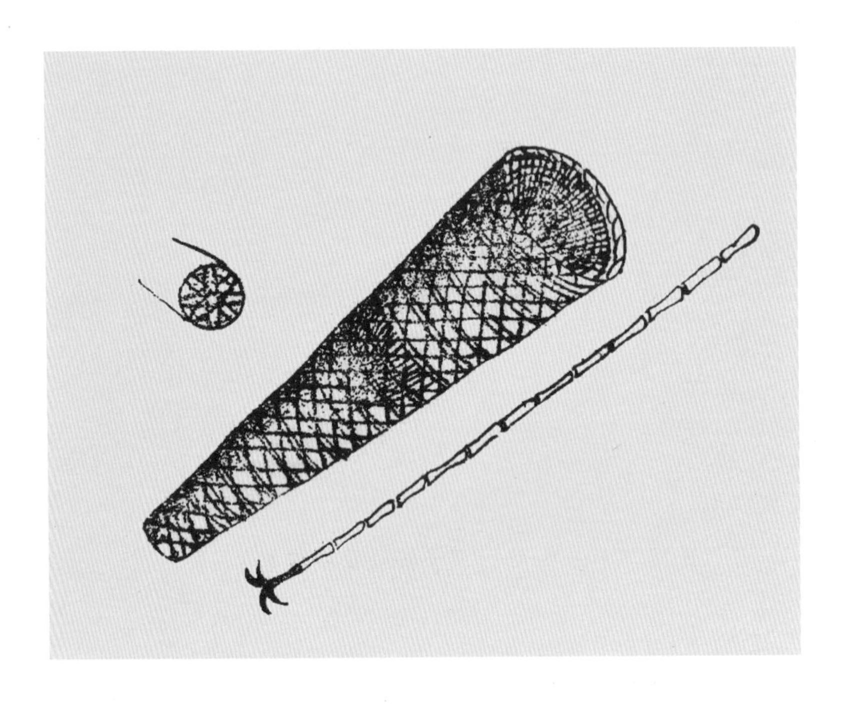

八、鲟簖

民国二十六年商务印书馆 李士豪、屈若搴《中国渔业史》

八 < 鲟簖

民国二十六年商务印书馆 李士豪、屈若搴 ◎《中国渔业史》

鲟簖是捕鲟的竹器，成圆柱形，竹编，一端粗，另一端略细，入口有竹篾做的倒刺。鲟进入时是顺茬，想出来时却是戗茬，从而获鱼，其原理与蟹笼大致相同。

九、乌贼篓

民国二十六年商务印书馆 李士豪、屈若搴《中国渔业史》

九 < 乌贼篓

民国二十六年商务印书馆 李士豪、屈若搴 ◎《中国渔业史》

该图是渔夫乘船施放乌贼篓的场景，乌贼篓是捕捉乌贼所用的竹器，多见于民国时期的东海海域，其原理与蟹笼相近。渔夫用大纲牵引一串乌贼笼，放到海中，乌贼喜钻洞，静置一段时间，再拉起大纲收取乌贼篓，篓中聚有乌贼，用铁钩掏出。

第六部分·陷阱

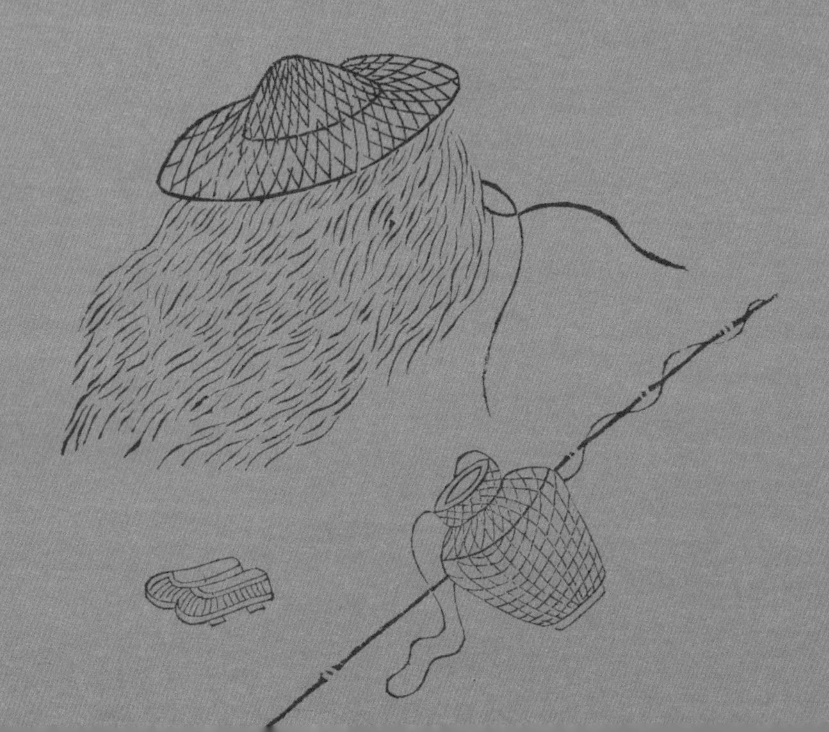

一、鱼梁

清 董诰《御制渔具十咏图》

一< 鱼梁

清 董诰 ◎《御制渔具十咏图》

该图是渔人使用鱼梁的场面，题诗曰："或柳或竹苇，植水如编篱。游鱼入其中，欲出嗟路迷。置笱尽收取，小大无所遗。拟当问鳞类，投槛谁实为。"但见水畔垂柳依依，碧树成荫，两岸比较狭窄之处的水中密植宛若篱笆的渔梁，渔夫乘舟而来，欲把陷入其中的游鱼尽收囊中。

二、渔沪

间宫林藏《东鞑纪行》

二< 渔沪

间宫林藏 ◎《东鞑纪行》

此图见于间宫林藏的《东鞑纪行》，山旦人是黑龙江下游的渔猎部族，图中出现的渔具也是鱼梁的变体。这是一组设置在水中的木栅，其一段靠近江岸，另一端伸向水中，并且形成了弯折的角度，顺流而来的鱼类就被挡在木栅围成的区域之内，然后用网围捕。

三、涔

清 嘉庆刊本《尔雅音图》

三 < 涔

清 嘉庆刊本 ◎《尔雅音图》

《尔雅·释器》载："槮谓之涔。"郭璞注曰："今之作槮者，聚积柴木于水中，鱼得寒，入其里藏隐，因以簿围捕取之。"这里说的涔，是一种渔具，槮是其别名，指的是在水中堆积木柴，秋冬季鱼怕冷，钻进木柴的缝隙中，然后再用栅簿围捕。而图中所绘，只能看到围在外面的栅簿，堆积的木柴隐在水中，三个渔夫在栅簿围成的圈内徒手摸鱼。

槮（sēn）

罶

上

音柳。捕魚之笱曰罶。魚罶

力九切。从网从留會意言魚所留也。以竹為之。故以簿為笱曰罶。其法築土石為堰而缺其口。承之以曲簿。其口可入而不可出。器與笱異。而用則同也。

四、罶

清 光绪石印版《澄衷蒙学堂字课图说》

清 光绪石印版 ◎《澄衷蒙学堂字课图说》

此图见于清末的学生识字课本《澄衷蒙学堂字课图说》，并绘有图像，该课本对罶的解释是："会意，言鱼所留也，以竹为，故以簿为笱曰罶。其法筑土石为堰而缺其口，承之以曲簿，其口可入而不可出。"可见，罶是留的意思，在水流中筑造堤坝，中间留出缺口，用竹片编织为鱼篓，开口是细竹篾组成的漏斗状，鱼虾顺着水流进入后就不能逃出。

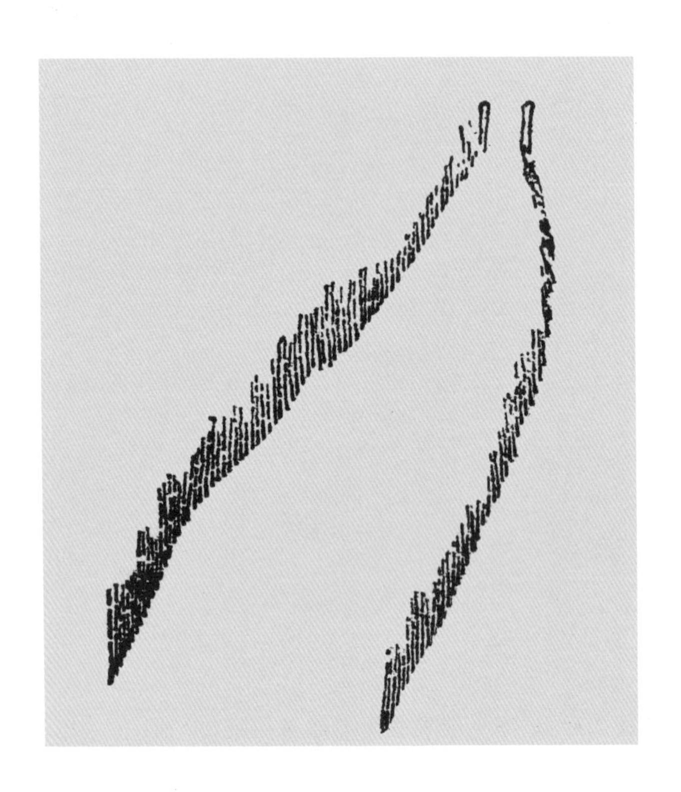

五、鱼沪图

民国二十六年商务印书馆 李士豪、屈若搴《中国渔业史》

五 < 鱼沪图

民国二十六年商务印书馆 李士豪、屈若搴 ◎《中国渔业史》

我们的先民在沿海、沿江之滨，插竹或堆石为坝，利用潮差来截获鱼虾，用竹者为竹沪，用石者为石沪，是历史上最为古老的渔具之一。南朝顾野王的《舆地志》载："插竹列海中，以绳编之，向岸张两翼，潮上而没，潮落而出，鱼蟹随潮碍竹不得去，名之曰扈"。沪后来成为地名，始见于东晋时期，那时吴淞江直通大海，沿岸居民在海滩上置竹，以绳相编，根部插进泥滩中，浩荡的竹墙向吴淞江两岸张开两翼，迎接着随潮而至的鱼虾。而那呈喇叭形的河口又唤作"渎"，故吴淞江一带被称作"沪渎"。陆龟蒙《渔具诗序》载："列竹于海澨曰沪，吴之沪渎是也"。沪后来也成为上海市的简称。

第七部分·耙刺

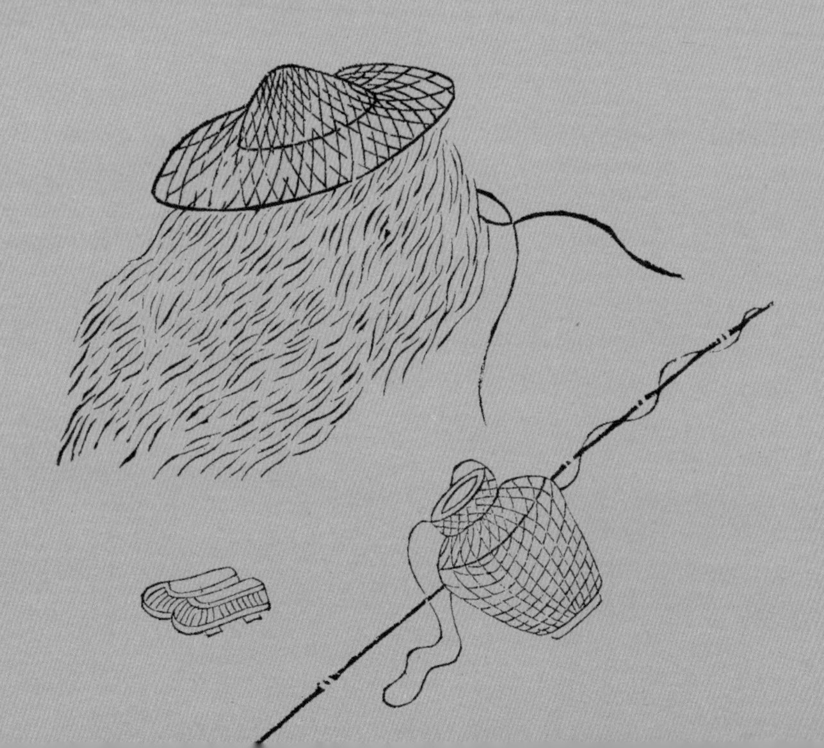

一、鱼叉

山东莒县出土汉画像《七女为父报仇》

一< 鱼叉

山东莒县出土汉画像 ◎《七女为父报仇》

汉画像里的《七女为父报仇》出现过多处，其内容却早已失传，不见于文字记载。在该画像的最底层，有鱼叉刺鱼的场面，画面中大鱼出没，两艘渔船出现在水上，船中有一人手持鱼叉，奋力向一头大鱼刺去。

二、鱼叉

明 万历刊本《三才图会》

二< 鱼叉

明 万历刊本 ◎《三才图会》

图中有一渔夫，手持一支鱼叉，作势要往水中刺。这支鱼叉有四个尖，又称四股叉，每个尖上还有倒钩，叉中鱼后，在倒钩的作用下不会滑脱。四股叉的叉头是铁质的，后面接了长竿，相当于手臂的延伸，有经验的渔夫会准确刺中水底游鱼。

三、鱼叉

清 董诰《御制渔具十咏图》

三 < 鱼叉

清 董诰 ◎《御制渔具十咏图》

该图是渔人使用鱼叉的场面，题诗曰 :“三股五股矛，七尺八尺竿。执以刺川鱼，奇中无空捐。昔犹资夜炬，今直取深渊。潜者至难逃，观之为长叹。”图中描绘河岔宽阔水域，站在船头的渔人们手持渔叉，目不转睛地盯住水下往来穿梭的游鱼，将要投叉刺鱼。

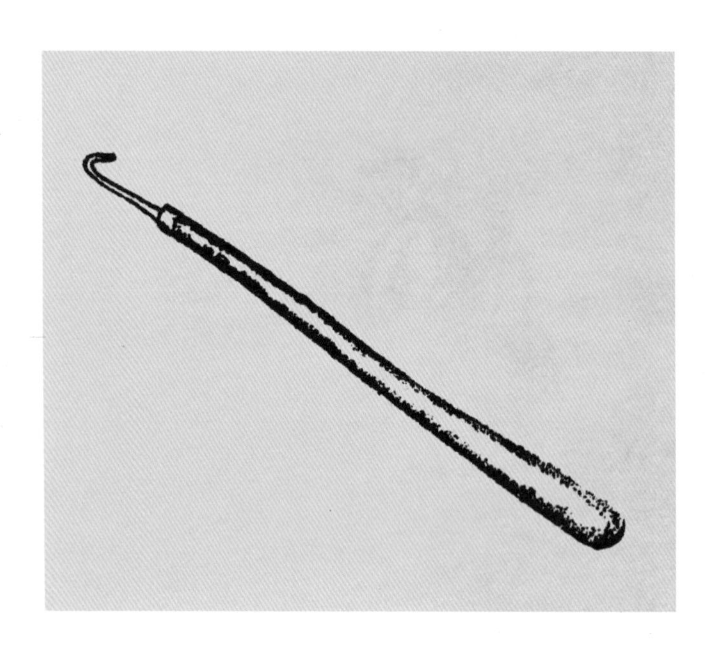

四、蛎钩

民国二十六年商务印书馆 李士豪 、屈若搴《中国渔业史》

四< **蛎钩**

民国二十六年商务印书馆 李士豪、屈若搴 ◎《中国渔业史》

蛎钩是赶海时用的小型渔具，牡蛎多生在礁石上，蛎壳与礁石连为一体，徒手难以撼动，用蛎钩才能将其撬下来。除了撬牡蛎之外，还可以挖蛤蜊和蟹，也可钩取海藻、水母等水产，一器多用，投叉刺鱼。

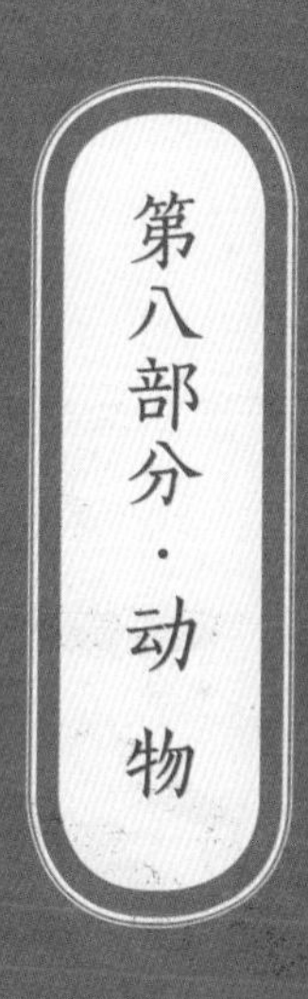
第八部分·动物

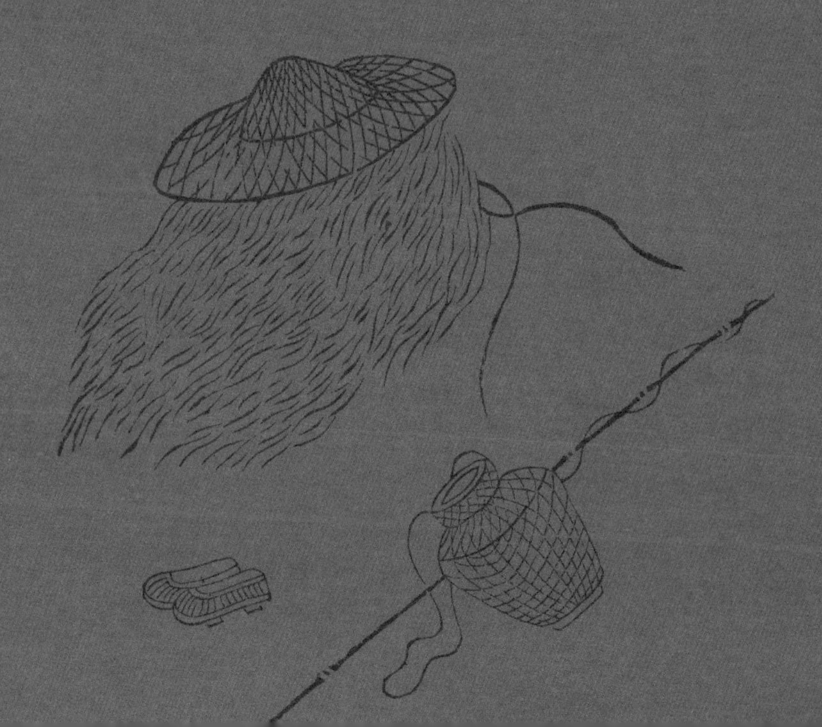

一、水獭捕鱼

汉画像砖 四川绵竹出土

一< 水獭捕鱼

汉画像砖 ◎ 四川绵竹出土

画面左上船中，一人撑船，船首立一水獭，视水中之鱼而作跃跃欲扑之势，生动异常。蜀中俗语称之为鱼猫子。明代李时珍《本草纲目》载："今川沔渔舟，往往驯畜，使之捕鱼甚捷。"驯化水獭以用于捕鱼者，应始于四川。《淮南子·说林训》："爱獭而饮之酒，虽欲养之，非其道。"此为人工驯养水獭之首次记载。

二、鸬鹚捕鱼

18世纪 法 加布里尔·胡奎尔《中国人生活场景》

二< 鸬鹚捕鱼

18世纪 法 加布里尔·胡奎尔 ◎《中国人生活场景》

这是一幅印刻于法国的铜版画，是《中国人生活场景》中的插图，该图的背景中有中国的亭榭，还有丰茂的草木，一女子驾船摇橹，小船分开波浪，向前行驶。船上还站着一只鸬鹚，鸬鹚帮助人捕鱼，有个孩子正从鸬鹚嘴里拿下一条鱼。欧洲人将中国人训练的鸬鹚捕鱼视为一种奇观，这种印象或许得自来华传教士的讲述，因此在表现中国风情的版画中多有涉及。

三、鸬鹚渔业

1814年英文版 威廉·亚历山大《中国衣冠风俗图解》

三< 鸬鹚渔业

1814年英文版 威廉·亚历山大 ◎《中国衣冠风俗图解》

一般认为鸬鹚渔业形成于商代，最先驯养鸬鹚捕鱼的，可能是长江三峡的古巴族人。鸬鹚在江南叫“渔鸦”，在四川则称为“乌鬼”，其名称之多，也印证了鸬鹚渔业的地域分布之广。明清时代西人来华，见到鸬鹚捕鱼的高效而又多产，深感惊奇，并用绘画的方式加以描绘。乾隆五十八年（1793）来华的马戛尔尼使团中，有位画家威廉·亚历山大，他绘制了大量水彩画，记录在大清国的所见所闻。其中有一幅水彩画反映了中国的鸬鹚渔业，画中有两名中国渔夫，船靠在岸边，船舷上落着五只鸬鹚。

四、鸬鹚捕鱼人

1834年英文版 乔治·亨利·梅森《中国缩影》

1834年英文版 乔治·亨利·梅森 ◎《中国缩影》

乔治·亨利·梅森（George Henry Mason）是英军第102团的少校，其生平国内外皆不可考，以至于有人怀疑这名字只是一个假托。原稿作者广州外销画匠“蒲呱”（Pu Qua）生平也不可考，应该是当时广州外销画最常见的署名之一。该图描绘鸬鹚捕鱼的场面，鸬鹚群立于竹排之上，由渔人点篙带往水中，由于鸬鹚“取鱼胜于网罟”，能“易钱无数”，因而被视作一种可靠的渔具。

五、鸬鹚捕鱼

1845年法文版 岱摩《开放的中华》

五 < 鸬鹚捕鱼

1845年法文版 岱摩 ◎《开放的中华》

此图见于法文版的《开放的中华》，是对一幅中国版画的复制。画面中是渔翁驱遣鸬鹚下水捕鱼的场景，鸬鹚形态各异，船上有四只还在梳理羽毛，有两只已经落在水中。像这种装饰意味颇浓的版画暗藏“有余（鱼）”的隐语，也是对丰饶之年的希冀。

毛筆畫

鸕鷀

集韻。鸕龍都切。音盧。鷀牆之切。音茲。說文。鸕鷀水鳥。埤雅。鷀鳥似鶂而黑。一名鷧。爾雅釋鳥。鶿鷧。郭註。鸕鷀也。李時珍曰。韻書盧與兹皆黑也。此鳥色深黑故名。鷧者其聲自呼也。又名水老鴉。又名烏鬼。楊孚異物志。鸕鷀能沒於深水。取魚而食之。不生卵而孕雛於池澤。既胎而又吐生。多者生七八。少生五六。相連而出。若絲緒。正字通。鸕鷀俗呼慈老。人畜之。以繩約其嗉。才通小魚。其大者不可下。時呼而取之。復遣去。頸曲如鉤。喉熱如湯。

以鸕鷀捕魚謂之烏鬼

六、乌鬼

1910年《图画日报》

六 < 乌鬼

1910年 ◎《图画日报》

该图有一渔夫撑船，五只鸬鹚在船的前方开路。据《夔州图经》载：“以鸬鹚捕鱼，谓之乌鬼”，杜甫在蜀中也曾见到当地人用鸬鹚捕鱼的景象，写下了“家家养乌鬼，户户食黄鱼”的诗句。

主要参考文献

古籍

〔1〕《诗经》，中华书局2004年版。

〔2〕《楚辞》，中华书局2010年版。

〔2〕《吕氏春秋》，中华书局2011年版。

〔3〕《史记》，中华书局2014年版。

〔4〕《淮南子》，中华书局2009年版。

〔5〕《周易》，中华书局2006年版。

〔6〕《抱朴子》，中华书局2013年版。

〔7〕《酉阳杂俎》，上海古籍出版社2012年版。

〔8〕《梦溪笔谈》，中华书局2016年版。

〔9〕《杜甫集校注》，上海古籍出版社2016年版。

〔10〕《太平广记》，中华书局1961年版。

〔11〕《萍州可谈》，中华书局2007年版。

〔12〕《中西闻见录》，清同治至光绪印本。

〔13〕《尔雅音图》，浙江人民美术出版社2013年版。

〔14〕《全像武王伐纣平话》，元至治刊本。

〔15〕《江苏海运全案》，清道光刊本。

〔16〕《渔书》，明刊孤本。

〔17〕《李卓吾先生批评浣纱记》，明万历刊本。

〔18〕《咒枣记》，明万历刊本。

〔19〕《筹海图编》，明天启刊本。

〔20〕《海错百一录》，清光绪刊本。

图像

〔1〕《历代古人像赞》，明成化刊本。

〔2〕《三才图会》，明万历刊本。

〔3〕《黔苗图说》，清代彩绘本。

〔4〕《夷人图说》，清代彩绘本。

〔5〕《广州至澳门水途即景》，清道光彩绘本。

〔6〕《海错图谱》，清宫旧藏本。

〔7〕《无双谱》，明万历刊本。

〔8〕《点石斋画报》，清光绪石印本。

〔9〕《芥子园画传》，清康熙刊本。

〔10〕《古今图书集成》，清雍正铜活字本。

〔11〕《钦定书经图说》，清光绪刊本。

〔12〕《各种名笺》，清末民初刻本。

〔13〕《澄衷蒙学堂字课图说》，清光绪石印本。

〔14〕《吴郡名贤图传》，清道光刊本。

方志

〔1〕《姑苏志》，明正德刊本。

〔2〕《武进阳湖县合志》，清道光刊本。

〔3〕《江宁新志》，清乾隆刊本。

〔4〕《厦门志》，清道光十二年刻本。

〔5〕《广州府志》，清光绪五年刻本。

〔6〕《琼州府志》，清光绪十六年刻本。

〔7〕《霞浦县志》，民国十八年刊本。

〔8〕《海康县志》，民国二十七年刊本。

〔9〕《番禺县志》，清同治十年刻本。

〔10〕《定海县志》，民国十三年铅印本。

〔11〕《崖州志》，清乾隆二十年刻本。

〔12〕《澄海县志》，清嘉庆二十年刻本。

〔13〕《太湖县志》，清同治刊本。

〔14〕《上海乡土志》，民国十六年版。

〔15〕《胶澳志》，民国十七年版。

专著

〔1〕沈同芳，《中国渔业历史》，清光绪三十二年版。

〔2〕李士豪、屈若搴，《中国渔业史》，商务印书馆民国二十六年。

〔3〕间宫林藏，《东鞑纪行》，商务印书馆1974年版。

〔4〕陶思炎，《中国鱼文化》，东南大学出版社2008年版。

〔5〕欧阳宗书，《海上人家》，江西高校出版社1999年版。

〔6〕王荣国，《海洋神灵》，江西高校出版社2003年版。

〔7〕杨国桢，《闽在海中》，江西高校出版社1998年版。

〔8〕吕淑梅，《陆岛网络》，江西高校出版社1999年版。

〔9〕席龙飞，《中国造船史》，湖北教育出版社2004年版。

〔10〕《墨鱼渔业试验报告》，江苏水产学校1934年编印。

作者简介

盛文强

1984年生于青岛，作家，海洋文化研究者。致力于中国古代海洋文化研究，兼及海洋题材的跨文体写作实践，著有《渔具图谱》《海盗奇谭》《渔具列传》《海怪简史》《岛屿之书》等。

想 象 之 外 品 质 文 字

渔具图谱

产品策划 | 领读文化
封面设计 | 周 彧
发行统筹 | 李 悦
责任编辑 | 张彦翔
排版设计 | 张珍珍
营销编辑 | 孙 秒